拟南芥响应脱落酸关键泛素连接酶基因功能解析

程春红　蔡兆明　著

西南交通大学出版社
成都

图书在版编目（CIP）数据

拟南芥响应脱落酸关键泛素连接酶基因功能解析 / 程春红，蔡兆明著. -- 成都：西南交通大学出版社，2024. 10. -- ISBN 978-7-5774-0179-9

Ⅰ. Q946.885

中国国家版本馆 CIP 数据核字第 20242AU673 号

Ninanjie Xiangying Tuoluosuan Guanjian Fansulianjiemei Jiyin Gongneng Jiexi

拟南芥响应脱落酸关键泛素连接酶基因功能解析

程春红　蔡兆明　著

策划编辑	秦　薇
责任编辑	秦　薇
助理编辑	杨　曦
封面设计	GT 工作室
出版发行	西南交通大学出版社 （四川省成都市金牛区二环路北一段 111 号 西南交通大学创新大厦 21 楼）
营销部电话	028-87600564　028-87600533
邮政编码	610031
网　　址	http://www.xnjdcbs.com
印　　刷	郫县犀浦印刷厂
成品尺寸	185 mm × 260 mm
印　　张	6
字　　数	127 千
版　　次	2024 年 10 月第 1 版
印　　次	2024 年 10 月第 1 次
书　　号	ISBN 978-7-5774-0179-9
定　　价	40.00 元

前 言

PREFACE

脱落酸（ABA）是植物响应非生物胁迫的一种重要的植物激素。当植物细胞接受ABA 时，ABA 受体 PYR（pyrabactin resistance）/ PYL（PYR1-like）/ RCAR（regulatory components of ABA receptor）将会结合共受体蛋白磷酸酶 PP2Cs 从而解除其对高度同源的蛋白激酶 SnRK2s（SnRK2.2、SnRK2.3 和 SnRK2.6）的抑制作用，SnRK2s 通过磷酸化下游的靶蛋白开启 ABA 信号通路。因此，蛋白激酶 SnRK2s 是 ABA 信号通路中非常重要的正向调控因子。以往的研究主要集中在 *SnRK2s* 基因的转录调控及其编码蛋白磷酸化下游底物蛋白的机制方面，但对于 SnRK2s 的蛋白稳定性及其具体调控机制还没有报道。在本书中，我们发现 *Arabidopsis* phloem protein2-B11（*AtPP2-B11*; *At1g80110*）编码一个含有 F-box 结构域的蛋白，并作为 SKP1/Cullin/F-box E3 连接酶复合体中的底物受体，通过特异性的促进 SnRK2.3 的蛋白降解来负调控 ABA 信号通路及拟南芥对 ABA 的响应。*AtPP2-B11* 受 ABA 诱导表达，并且 *AtPP2-B11* 敲低（knockdown）和敲除（knockout）突变体在种子萌发以及萌发后的生长发育过程中表现出对 ABA 十分敏感的表型。同时我们还发现 AtPP2-B11 能够与拟南芥 Skp1 家族蛋白 ASK1 和 ASK2 相互作用，并与其一起形成 SCF 型 E3 连接酶复合体发挥功能。非常有意思的是，进一步研究证明 AtPP2-B11 能够与 SnRK2.3 直接相互作用并且特异性地促进 SnRK2.3 的蛋白降解，但是对和其高度同源、又在植物响应 ABA 中功能冗余的 SnRK2.2 和 SnRK2.6 间却没有直接的相互作用，并且对它们的蛋白稳定性没有任何影响。虽然已有的研究证明 SnRK2s 在介导 ABA 信号通路及植物对 ABA 响应中是功能冗余的，但是我们的结果说明 SnRK2s 的调控不仅存在细胞组织特异性，同时在蛋白稳定性的调控方面也是由精密的机制来完成的。因此，该书解析了 AtPP2-B11 通过特异性地降解 SnRK2.3 从而关闭 ABA 信号通路来减弱拟南芥对非生物逆境胁迫的响应的新机制。这些重要发现不仅让我们在蛋白层面进一步认识了 SnRK2s 参与 ABA 信号通路及植物响应 ABA 机制的复杂性，也为我们深入解析 ABA 信号转导途径和植物适应逆境的分子机制提供了新思路。

程春红

于长江师范学院

2024 年 5 月

目录

CONTENTS

第一章

ABA 的研究进展

第一节 脱落酸（ABA）的发现

脱落酸（abscisic acid，ABA）是一种抑制植物生长的激素，广泛分布于高等植物中，因能促进叶子脱落而得名。研究证明脱落酸不仅促进叶子脱落，还能促进芽进入休眠状态，促进马铃薯块茎的形成，抑制细胞的延长等作用（Walton，1983）。早在 1961 年 W.C.Liu 和 H.R.卡恩斯从成熟的棉铃里分离出一种结晶，因该结晶能加速切除外植体叶片的叶柄脱落，被称为“脱落素Ⅰ”，但其化学结构当时还未被鉴定。1963 年大熊和彦和 F.T.阿迪科特等从棉花幼铃中分离出另一种加速棉铃脱落的物质结晶，称为“脱落素Ⅱ”（Ohkuma 等，1963）。几乎就在脱落素Ⅱ发现的同时，C.F.伊格斯和 P.F.韦尔林用色谱分析法从欧亚槭叶子里分离出一种抑制物质，能使生长中的幼苗和芽休眠，因此他们将这种物质命名为“休眠素”。1965 年韦尔林等在比较研究休眠素和脱落素Ⅱ的化学性质后，证明这两者是同一物质，其分子式与大熊和彦等在 1965 年提出的一致，并将它们统一命名为脱落酸（Cornforth 等，1965）。1967 年，在加拿大渥太华召开的第六届国际植物生长物质会议上，这种生长调节物质正式被定名为脱落酸（ABA）。

第二节 ABA 信号转导通路的研究

ABA 是重要的植物激素，可调节植物的生长发育以及其对外界环境的适应。作为激素信号，ABA 也是通过信号的感应和传导来介导植物对环境的响应。在 20 世纪 90 年代至 2010 年，通过遗传学，有关 ABA 信号转导的研究，尤其是模式植物拟南芥突变体的筛选和相应基因的功能研究，取得了重大发展。最主要的突破性进展是发现了 ABA 信号通路中四个主要成分，它们分别是：ABA 受体 PYR1（Pyrabactin Resistance 1）/PYL （PYR1-like）/RCAR（Regulatory components of ABA receptors）、蛋白磷酸酶 PP2C（type 2C protein phosphatase；negative regulator）、蛋白激酶 SnRK2s（SNF-1 related protein kinase 2；positive regulator）以及调控 ABA 响应基因的 bZIP（Basic Region/Leucine Zipper）转录因子等。特别是在 2009 年和 2010 年，ABA 受体的鉴定及其三维结构的解析使得 ABA 信号通路的研究有了突破性的进展（Klingler 等，2010；Cutler 等，2010；Raghavendra 等，2010），该研究提出了一个双重的负调控系统，即 PYR/PYL/RCAR ⊣ PP2C ⊣ SnRK2 ⟶ 下游靶位点。当植物处于正常生长环境时，体内 ABA 含量十分少，此时游离的蛋白磷酸酶 PP2C 能通过去磷酸化 SnRK2s 抑制其激酶活性，ABA 下游响应基因不能被诱导表达，ABA 信号通路处于关闭状态。而当植物处于逆境或发育到特定阶段时，植物体内大量合成 ABA，ABA 能与其受体 PYR/PYL/RCAR 结合并使其构象改变，构象改变的受体可与 PP2C 结合并抑制其磷酸酶活性，从而释放 SnRK2s，而磷酸化的蛋白激酶 SnRK2s 能通过磷酸化下游 ABA 信号通路相关靶蛋白，使 ABA 信号通路处于开启状态（Cutler 等，2010；Raghavendra 等，2010；Santiago 等，2012）。已有的证据表明 ABA 信号转导途径在细胞核及细胞质内都存在，已经鉴定 SnRK2s 的磷酸化底物包括 bZIP 类转录因子或者膜通道蛋白等（Uno 等，2000；Ma 等，2009；Santiago 等，2009a；Gao 等，2016）。除了 ABA 与其受体结合的机制已被阐明，PYR/PYL/RCAR 通过“gate-latch-lock”的机制与 PP2C 相互作用并抑制其磷酸酶活性和下游的 ABA 信号通路外（Nishimura 等，2009），ABA 的合成和运输的机制研究也取得了重要的进展。比如，细胞间 ABA 的运输和胞内 ABA 的运输一样在植物体内都普遍存在。近期发现两个质膜连接的 ABC 转运蛋白在 ABA 的流入与流出系统中发挥重要作用，从而展示了 ABA 在细胞间运输的机制（Umezawa 等，2010；Hubbard 等，2010）。

ABA 是一种在植物适应环境胁迫（如干旱、高盐等）中起至关重要作用的植物激素，因此也被称为逆境激素。在缺水的情况下，植物根部中的 ABA 合成途径被激活，ABA 迅速积累，并运输到植物各个部分，使植物产生对水分胁迫的响应。比如，ABA 促进保卫细胞的关闭，从而使植物减少水分的流失，免受脱水或高渗透压的损害（Assmann，2003；Luan，2002；Wasilewska 等，2008）。除此之外，ABA 在发育过程中也有重要的作用，它不仅参与介导种子的成熟与休眠，还参与根系的发育等调控过程（Cadman 等，2006；Finch-Savage 和 Leubner-Metzger，2006；Nambara 和 Marion-Poll，2003）。因此，ABA 作为一种重要的植物激素，在调控植物生长发育及响应逆境胁迫过程中均发挥着非常重要的作用（Bari 和 Jones，2009；Fujii 等，2009；Lee 和 Luan，2012），如图 1.1 所示。

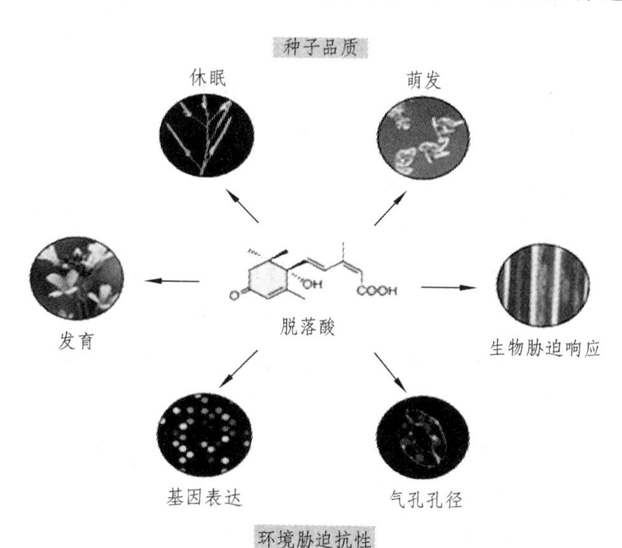

图 1.1　ABA 在植物形态及生长发育过程中具有重要的作用

第三节　ABA 信号转导途径的主要成分

一、PYR/PYL/RCAR 蛋白：可溶的 ABA 受体蛋白

PYR/PYL/RCAR 是一类可溶性受体蛋白，能够直接与 ABA 结合，并且以依赖 ABA 的方式与 A 类 PP2C 成员相互作用，抑制 PP2C 蛋白磷酸酶的活性，是 PP2C 蛋白的负调节子。而 PP2C 是 ABA 信号转导过程中的负调节子，ABA 结合 PYR/PYL/RCAR 后，将 ABA 信号转为激活状态，对植物生长发育过程进行调控（Nishimura 等，2010；Yin 等，2009）。

虽然早在 20 世纪 60 年代就已经发现并且确认了 ABA 是一种重要的植物激素（Ohkuma 等，1963；Cornforth 等，1965），但是对于 ABA 的受体却一无所知。ABA 受体的寻找工作也受到了多方关注，在 2004 年，有研究报道 ABAP1（ABA-binding protein 1）是 ABA 的结合蛋白，2006 年该实验室又证明 ABAP1 是一种 RNA 结合蛋白 FCA，在调控开花过程中起着十分重要的作用（Razem 等，2006）。随后的研究表明由于实验体系及实验方法的设计不当，Razem 等得到的结论不能证明 FCA 是 ABA 受体（Risk 等，2009）。这期间也有很多研究报道了一些 ABA 的结合蛋白，然而对于这些 ABA 的结合蛋白还存在很大的争议。

直到 2009 年，4 个不同的实验室分别用不同的方法分离到了 ABA 的结合蛋白 PYR/PYL/RCAR，它们是一个新的蛋白家族（Ma 等，2009；Santiago 等，2009a；Nishimura 等，2009；Park 等，2009）。ABA 受体家族蛋白共有 14 个成员，分别为 PYR1 和 PYL1 至 PYL13，它们都属于含有 START 结构域的环化酶亚家族，START 蛋白的内部都含有一个疏水的配体结合空腔区域，而这个空腔区域决定了受体与配体的结合，这个过程受 ABA“结合口袋处”的“门环”结构的开启和关闭状态调控。在没有 ABA 存在的情况下，PYR/PYL/RCAR 受体蛋白含有一个开放的、疏水的、可以结合 ABA 的 “口袋”结构。在没有 ABA 存在的情况下，这个“口袋”被水分子填满。当 ABA 出现时，ABA 会逐渐占据这个原本由水分子填满的“口袋”。这时，“口袋”结构入口处的“门环”结构发挥作用，其中的一个环状结构会关闭，并与另一个环状结构靠近，从而将 ABA 包围在“口袋”结构中。ABA 的 14 个受体家族中，这种受体与配体结合的机制以及“口袋”和“门环”的结构和序列在进化上是十分保守的。结合了 ABA 的受体的构象会发生变化，从而使得受体与磷酸酶之间的互作成为可能。受体的门环结构和磷酸酶上的底物结合位点和磷酸酶活性位点互作后，会抑制磷酸酶

对底物 SnRK2s 的结合能力，从而释放 SnRK2s 的激酶活性，使 ABA 信号通路打开。晶体结构分析结果显示，ABA 受体家族蛋白能够与 ABA 直接结合，但它们对于 ABA 的结合能力却并不完全一样。

二、PP2C：ABA 信号途径中的负调节子，催化蛋白去磷酸化

蛋白磷酸酶（Protein Phosphatase）是能够催化磷酸化的蛋白质分子发生去磷酸化反应的一类酶分子，在植物生长发育及逆境胁迫过程中具有重要作用。根据脱磷酸化的氨基酸残基的不同，蛋白磷酸酶分成络氨酸磷酸酶（PTP，PTPase）和丝氨酸/苏氨酸磷酸酶。已知的丝氨酸/苏氨酸特异性蛋白磷酸酶包括：PP1、PP2A、PP2B、PP2C、PP4 和 PP5。PP2C 蛋白磷酸酶家族含有 76 个成员，是拟南芥蛋白磷酸酶中较大的一个家族。拟南芥中的 76 个 PP2C 蛋白磷酸酶又可以分为 10 个亚家族，分别为：A~J 类（Schweighofer 等，2004）。而在 ABA 信号通路中，A 亚家族的 PP2C 蛋白磷酸酶发挥主要功能。

在最早遗传筛选 ABA 不敏感突变体时，鉴定出了两个基因，*ABI* 和 *ABI2*（*ABA-INSENSITIVE-2*），它们都编码 A 型 PP2Cs 蛋白。突变体 *abi1-1* 和 *abi2-1* 表现出在不同组织和发育阶段中对 ABA 的不敏感表型，表明 PP2Cs 是 ABA 信号途径中重要的调节子（Koornneef 等，1984；Leung 等，1994；Leung 等，1997；Meyer 等，1994；Yoshida 等，2006）。

随后的研究表明，拟南芥中 PP2C 的 A 亚家族蛋白磷酸酶家族共包括 9 个成员，它们分别为：ABI1、ABI2、AHG1、AHG3、HAB1、HAB2、HAI1、HAI2 和 HAI3（Umezawa 等，2010；Schweighofer 等，2004）。它们的磷酸酶活性催化中心、分子大小、蛋白序列以及 PP2C 结构域都非常相似，十分保守（Schweighofer 等，2004）。研究表明，这些 PP2C 家族的成员负调控 ABA 信号通路，既存在一定程度的功能冗余，又各自具有不同的组织器官表达特异性，例如，*ABI1* 和 *ABI2* 在各个组织器官中都有表达；*AHG1* 和 *AHG3* 主要在种子中表达，调控植株在萌发及萌发后对 ABA 的响应（Umezawa 等，2010；Yoshida 等，2006；Yoshida 等，2002；Umezawa 等，2010）。此外它们的亚细胞定位也不同，ABI1 和 ABI2 在细胞质和细胞核内都有定位，而 AHG1 和 AHG3 主要定位于细胞核中（Umezawa 等，2010；Yoshida 等，2006；Yoshida 等，2002；Umezawa 等，2010）。

拟南芥原生质体双分子荧光互补实验结果表明，RCAR1-YFP^N 与 ABI1/ABI2-YFP^C 共表达后，原生质体的细胞质和细胞核内均出现黄色荧光，说明 RCAR1 与 ABI1/ABI2 在细胞质和细胞核内均相互作用（Ma 等，2009）。2009 年进一步的研究表明，ABA 的受体蛋白，含有 START 结构域，能够和下游互作蛋白间的结合，研究

者在酵母双杂交系统中检测到 ABA 的受体蛋白能够与 PP2C 家族成员互作，并且存在 ABA 及 pyrabactin（ABA 类似物）时，能够促进 HAB1 与 PYR1/PYL1-PYL4 和 ABI1 与 PYR1 的相互作用。为了进一步验证受体蛋白与 PP2C 家族成员间的互作，研究者利用体外 Pull-down 方法，发现 HAB1、ABI1 和 ABI2 与 PYR1 的相互作用依赖于 ABA，受 ABA 的诱导（Park 等，2009）。

植物中关于 PP2C 家族蛋白的底物以及 PP2C 蛋白的调控机制的研究不是很完善。PP2C 蛋白磷酸酶有各自的底物蛋白，如已有报道的为 ABI1 能够与蛋白激酶 OST1/SnRK2.6 相互作用调控气孔的开闭及植物对干旱的响应（Yoshida 等，2006）。近期的研究发现植物 U-box 型的 E3 连接酶 PUB12 和 PUB13 能够与 ABI1 互作，并且这种相互作用依赖 ABA，能够经由 26S 泛素蛋白酶体途径调控 ABI1 的蛋白降解（Kong 等，2015）。

三、SnRK2s：ABA 信号途径中的正调节子，催化蛋白磷酸化

蛋白激酶（protein kinases）是一类催化蛋白质磷酸化反应的酶，它能够把腺苷三磷酸（ATP）上的 γ-磷酸转移到蛋白质分子的氨基酸残基上。

在 ABA 信号通路中作为正调控子发挥作用的蛋白激酶为不依赖于 Ca^{2+} 的 SNF 家族蛋白激酶（Sucrose Non-Fermenting protein kinase）。SnRK2s 蛋白激酶（Sucrose Non-Fermenting1-related protein kinases）家族中的许多成员都可以响应 ABA。这个家族的蛋白基本由 140~160 个氨基酸组成，蛋白分子量大约为 40 KDa，N 端含有一个十分保守的激酶催化结构域，C 端结构相对不保守（Yoshida 等，2006；Yoshida 等，2002；Hrabak 等，2003）。

拟南芥中含有 10 个 SnRK2s 家族成员，第一个被鉴定出来的为 OST1/SnRK2.6。2002 年研究人员鉴定出一个能够抑制 ABA 引起的气孔关闭的突变体，该基因被命名为 *OST1*（*Open Stomata1*）/*SnRK2.6*。这 10 个 SnRK2s 家族成员包括 SnRK2.1 至 SnRK2.10，它们又可以分为 3 个亚家族。这三个亚家族对于 ABA 和渗透胁迫的应答模式各不相同：亚家族 1 能够对于渗透胁迫迅速地做出反应，但是对于 ABA 却没有反应；亚家族 2 和亚家族 3 都能对于渗透胁迫和 ABA 做出迅速的反应，但与亚家族 2 相比，亚家族 3 对于 ABA 胁迫能够做出更加强烈的反应。SnRK2s 亚家族 3 含有三个成员：SnRK2.2、SnRK2.3 和 SnRK2.6（Hrabak 等，2003；Mustilli 等，2002；Fujii 和 Zhu，2009；Hirayama 和 Shinozaki，2010；Nishimura 等，2007）。如图 1.2 所示，ABA 处理 30 分钟时，*SnRK2.2*、*SnRK2.3 和 SnRK2.6* 这三个基因就能对 ABA 迅速做出反应，说明它们在 ABA 信号通路中具有重要作用。

进一步的研究表明，*SnRK2.2*、*SnRK2.3* 和 *SnRK2.6* 这三个基因具有不同的组织表达模式，并且在蛋白功能上存在冗余。*SnRK2.6* 在保卫细胞中表达，主要在植株的干旱胁迫方面发挥功能；*SnRK2.2* 和 *SnRK2.3* 在植株各个组织中表达，在植株的种子发育、休眠和幼苗的萌发转绿过程中发挥功能（Yoshida 等，2006；Yoshida 等，2002；Mustilli 等，2002；Umezawa 等，2010；Fujii 等，2007）。然而实验研究表明三基因突变体 *snrk2.2 snrk2.3 snrk2.6*，在如种子休眠、萌发、萌发后生长和气孔关闭等多数生物学过程中，都表现出对 ABA 不敏感的表型（Yoshida 等，2006；Yoshida 等，2002；Mustilli 等，2002；Umezawa 等，2010；Fujii 等，2007）。在干旱胁迫响应和 ABA 处理条件下种子萌发转绿过程中，*SnRK2.2*、*SnRK2.3* 和 *SnRK2.6* 这三个基因的单突变体没有表现出明显的表型，双突变体对干旱和 ABA 有响应，而三突变体 *snrk2.2 snrk2.3 snrk2.6* 对干旱和 ABA 有十分显著的响应，这就说明了 SnRK2.2、SnRK2.3 和 SnRK2.6 之间在功能上存在冗余（Fujii 和 Zhu，2009）。

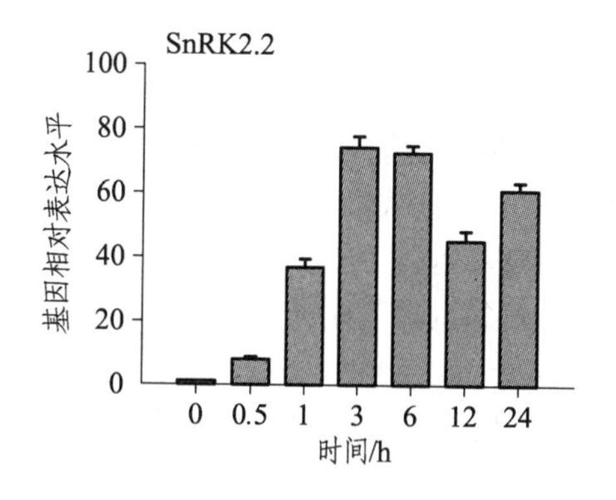

（a）*SnRK2.2* 的基因表达情况

（b）*SnRK2.3* 的基因表达情况

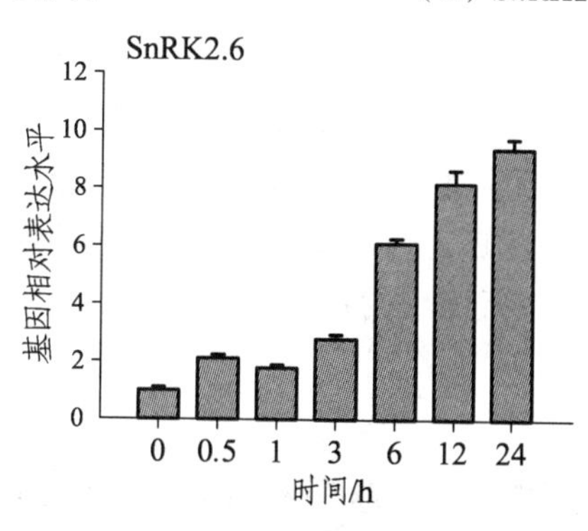

（c）*SnRK2.6* 的基因表达情况

7 天大的拟南芥幼苗经 50 μmol/L ABA 处理 0、0.5、1、3、6、12、24 h 后分别取样，qPCR 检测 *SnRK2.2*、*SnRK2.3* 和 *SnRK2.6* 的基因表达情况。

图 1.2 SnRK2s 受 ABA 诱导的表达水平分析

四、ABA 信号通路中的顺式作用元件和转录因子

顺式作用元件(cis-element)是存在于基因的旁侧序列中能够影响基因表达的序列。顺式作用元件包括启动子和增强子等，它们参与基因的表达调控，本身不编码任何蛋白质，仅仅提供一个作用位点，与转录因子结合而起作用。许多受 ABA 诱导的基因在启动子区都包含一个保守的顺式作用元件，一般都含有一个核心的序列 ACGTGGC，被称为 ABRE（ABA Responsive Element），该元件对 ABA 诱导其下游基因表达十分重要。在拟南芥中，脱水响应元件（Dehydration Responsive Element/C-Repeat，DRE/CRT）可辅助 ABRE 发挥功能（Hattori 等，2002；Mishra 等，2014；Kim 等，2011；Narusaka 等，2003）。AREB 和 ABF 结合到 ABRE 上，激活 ABA 响应基因的表达。

转录因子（transcription factor）是一群能与基因的 5′ 端上游特定序列专一性地结合，从而保证目的基因以特定的强度在特定的时间与空间表达的蛋白质分子。在拟南芥中参与到 ABA 信号通路中的转录因子主要为 bZIP 家族转录因子和 MYB/MYC 家族转录因子（Abe 等，2003；Abe 等，1997；Jakoby 等，2002）。研究报道 bZIP 转录因子家族蛋白的 C 端含有一个高度保守的 bZIP 结构域，能够与 ABRE 序列结合，参与到 ABA 信号途径中。bZIP 家族转录因子主要包括 ABI3、ABI4、ABI5、ABF1、ABF2 和 ABF4 等，其中 ABFs 家族成员主要在植株的苗期表达，受冷、干旱和盐胁迫的诱导表达；而 ABI5 主要在种子的胚胎中表达，受 ABA 的诱导表达，在种子的发育中起着重要的作用（Abe 等，2003；Abe 等，1997；Jakoby 等，2002）。目前对于 ABI3 和 ABI5 的研究较为详细，这两个转录因子相互协调，共同调控种子的发育和成熟（Fujita 等，2013；Carles 等，2002；Lopez Molina 等，2001；Lopez-Molina 等，2003；Lopez Molina 等，2002）。MYB/MYC 家族转录因子在 ABA 信号通路中也具有重要作用，如 MYC 蛋白能够与 ABA 下游响应基因 *RD22* 的启动子区的顺式作用元件结合，从而调控 *RD22* 的基因表达，使植株对逆境胁迫做出应答（Abe 等，2003；Abe 等，1997）。

近年来对于 ABA 信号通路中重要的转录因子在蛋白水平上的调控成为热点，如 ABI3 和 ABI5 经由 AIP2、KEG、DWA1 和 DWA2 等 E3 连接酶介导的蛋白降解的研究，本部分将在第二章中进行详细的描述。

第四节　ABA 信号转导途径

ABA 受体 PYR/PYL/RCAR 蛋白以二聚体的形式存在，空间结构中含有一个大的、充满水分子的空腔，恰好能与 ABA 分子近乎完美地结合，ABA 与其结合后，将

复合体由 ABA-free “open lid” 形式转换为 ABA-bound “close-lid” 的形式（Nishimura 等，2009）。正常情况下，植物体内 ABA 含量较低，ABA 受体不结合 ABA，具有磷酸酶活性的 PP2C 可以去磷酸化 SnRK2 并抑制其活性，ABA 信号通路关闭。一旦环境条件或发育信号诱导 ABA 在植物体内积累，ABA 与 PYR/PYL/RCAR 结合，使其构象改变，与 PP2C 蛋白结合并抑制它的磷酸酶活性，从而释放 PP2C 负调控的 SnRK2 蛋白，使其磷酸化并恢复激酶活性，SnRK2 通过磷酸化下游靶位点（如 AREB/ABF bZIP 型转录因子或 S 型离子通道等），开启 ABA 信号通路（Hubbard 等，2010），如图 1.3 所示。

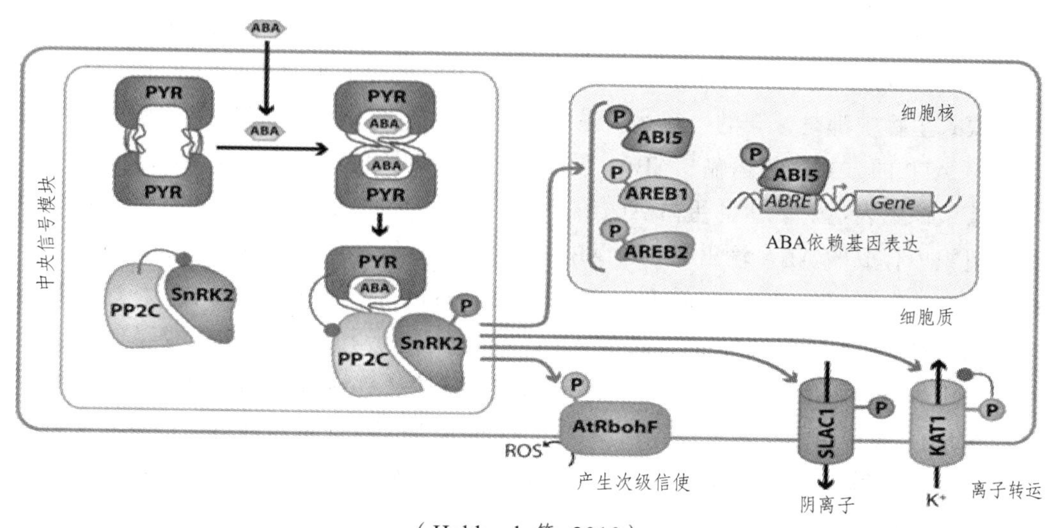

（Hubbard 等，2010）

图 1.3　ABA 信号通路

磷酸酶在 ABA 信号通路中发挥重要作用。如 *abi1-1* 突变体中，*ABI1-1* 突变后编码的蛋白仍能与 SnRK2s 蛋白家族成员相互作用，使其去磷酸化，从而抑制 SnRK2s 蛋白的激酶活性。但是受体 PYR/PYL/RCAR 由于不能再与 *ABI1-1* 突变后编码的蛋白相互作用，因此不再受 ABA 受体的调控，使 *abi1-1* 突变体对 ABA 不敏感（Umezawa 等，2010；Leung 等，1997）。

ABA 信号转导途径中，SnRK2s 不仅能激活 AREB/ABF bZIP 型转录因子来对下游基因的转录进行调控，还可以激活 NADPH 氧化酶，诱导 ROS 的合成等。SnRK2s 在诱导气孔关闭方面具有重要作用，在 ABA 信号通路诱导气孔关闭这一过程中，对质膜或液泡膜上的离子通道具有重要的调节作用。最近鉴定出一些 SnRK2s 蛋白的底物，他们是一些膜蛋白，如在保卫细胞中发挥作用的慢型离子通道蛋白 SLAC1（SLOW ANION CHANNEL ASSOCIATED 1）、在气孔运动和阴离子通道中有重要作用的 KAT1（内向整流钾离子通道）等。SnRK2.6 蛋白激酶可以激活 SLAC1，促进保卫细胞内离子流出，控制气孔关闭。同时，SnRK2s 蛋白激酶也可以磷酸化 KAT1，使其失活，促进保卫细胞内离子流出，控制气孔关闭（Vahisalu 等，2008；Geiger 等，2009；Lee 等，2009）。保卫细胞质膜是 SnRK2s 调节的主要位点，但膜蛋白的调节并不是单一的。SLAC1 还可以被钙依赖的蛋白激酶（CDPK23）等其他类型的激酶激活（Chen 等，2010）。同样 CDPKs 也参与 KAT1 离子通道的调节。这就表明气孔的运动受到多条途径的调节。

ABA 在细胞间、组织间以及器官间进行信号的传递对于整株植物的生理反应，有着重要的作用。例如，干旱条件下，质外体内 ABA 浓度增加，导致气孔关闭。ABA 主要在维管组织中进行代谢，但能在气孔的保卫细胞中发挥功能，说明一定有一些物质在调节 ABA 信号在细胞间的转运（Zhang 和 Davies，1987；Seo 和 Koshiba，2011；Boursiac 等，2013）。近年来的研究报道了一种 ABC（ATP-binding cassette）转运蛋白基因 *AtABCG25*，它在拟南芥中编码一种负责 ABA 转运的蛋白质。ABC 转运蛋白在许多模式生物中都是保守的，转运一系列的代谢物或信号分子，涉及植物激素，主要以依赖 ATP 的方式进行运输。ABA 主要在维管组织中生物合成，而 *AtABCG25* 主要在维管组织中表达。表达的蛋白 AtABCG25 作为一种 ABA 的输出蛋白，可经质膜将维管组织中合成的 ABA 输出，参与 ABA 的胞间信号转导（Kuromori 等，2010）。在拟南芥中还发现另外一种 ABC 转运蛋白 AtABCG40，作为植物细胞中一种信号的输入蛋白，同样通过依赖 ATP 的方式对 ABA 进行转运。*AtABCG40* 基因主要在叶、主根和侧根中表达，其中在叶子的保卫细胞中表达量最高（Umezawa 等，2010）。综上所述，ABA 在维管组织中合成，经由 ATP-依赖的 AtABCG25 输出转运蛋白被输出到质外体区域，然后再经由 ATP-依赖的 AtABCG40 输入转运蛋白，被运送到保卫细胞中发挥功能（Umezawa 等，2010；Hubbard 等，2010）（图 1.4）。

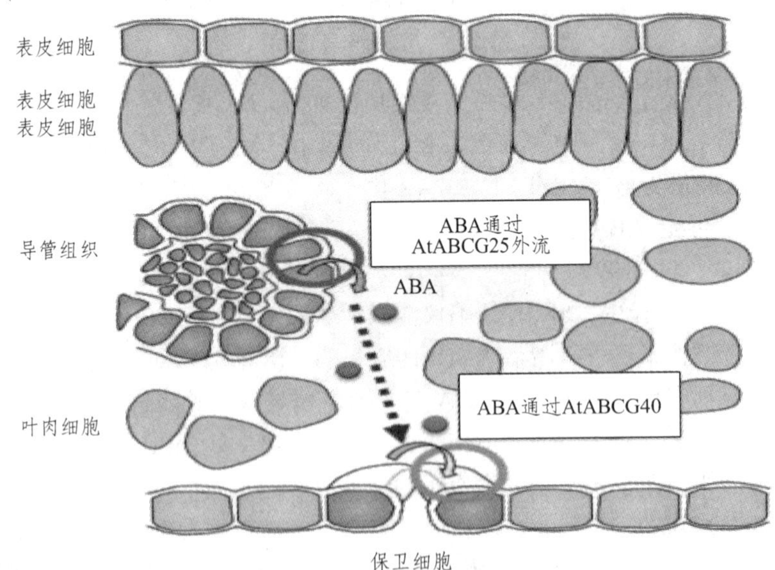

（Umezawa et al., 2010）

图 1.4　ABA 信号在细胞间传递的模式图

第二章

泛素介导的蛋白质降解系统

蛋白质是一种非常重要的生命大分子，在生命体物质代谢、能量代谢、细胞信息传递、发育调控和机体防御等过程中发挥着重要作用（Vierstra，1996；Bachmir 等，2001；Sullivan 等，2003）。生命体内有着各种不同的蛋白质，它们分别在生命体的不同发育阶段调控生命活动。生物体中，蛋白质的降解与合成同样重要。

如图 2.1 所示，蛋白质的降解主要有两种方式：一种不需要能量，通过各种蛋白酶来水解蛋白质，如在消化道中的蛋白酶可以将食物中的蛋白质分解为氨基酸供机体利用，这类降解途径具有不需要能量、特异性低的特点；另一种蛋白降解的方式为泛素蛋白酶体途径，该途径需要能量，是多步骤的反应，但是具有效率高、专一性和选择性强的特点。

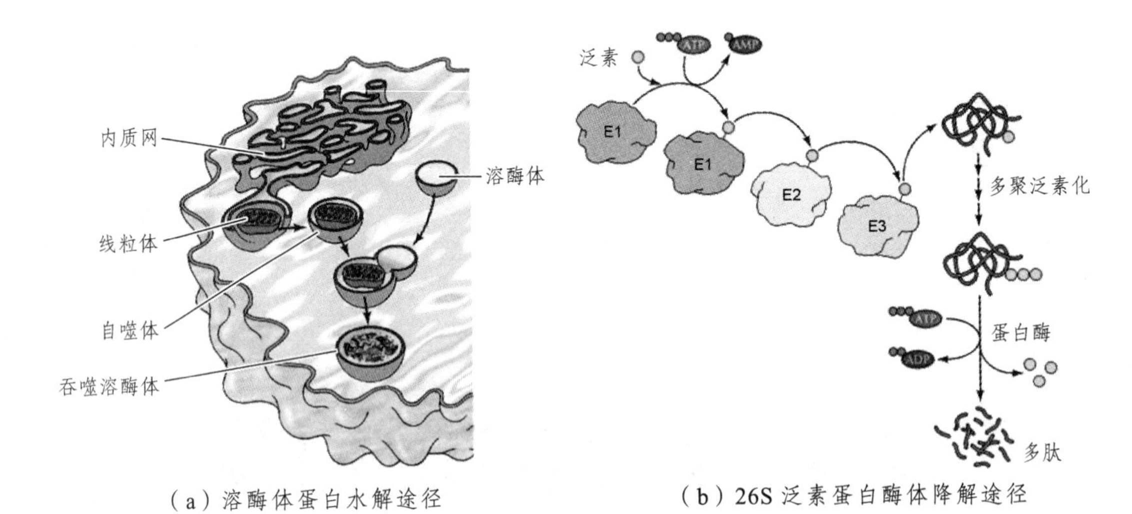

（a）溶酶体蛋白水解途径　　（b）26S 泛素蛋白酶体降解途径

图 2.1　蛋白降解的两种方式

第一节　26S 泛素-蛋白酶体降解系统

泛素（ubiquitin，Ub）是几乎存在于所有真核生物中的一个高度保守的 76 个氨基酸的蛋白质，通过共价修饰靶蛋白，使其被 26S 蛋白酶体识别并降解。泛素介导的蛋白质降解系统是真核生物中广泛存在的调节系统。大量研究表明，泛素介导的蛋白质降解参与细胞周期调控、细胞分化、细胞程序性死亡和生物体对逆境胁迫的应答等生命活动（Conaway 等，2002；Aguilar 和 Wendland，2003）。

如图 2.2 所示，泛素-蛋白酶体降解系统包含 4 个组分：泛素分子（ubiquitin，Ub）、泛素激活酶 E1(ubiquitin-activating enzyme, E1)、泛素结合酶 E2(ubiquitin-conjugating enzyme, E2)和泛素连接酶 E3(ubiquitin ligase, E3)(Hershko 和 Ciechanover, 1998; Kraft 等, 2005; Smalle 和 Vierstra, 2004)。模式植物拟南芥中含有 2 个 E1、37 个 E2 和超过 1 400 个 E3 蛋白，泛素结合的关键调控在于 E3 连接酶对底物的特异性结合 (Vierstra, 2004)。

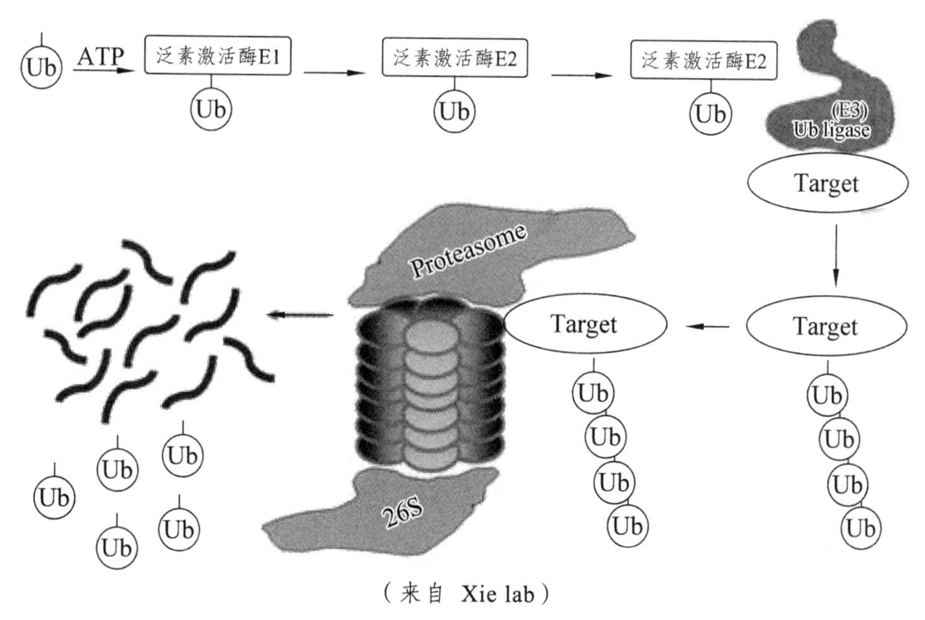

(来自 Xie lab)

图 2.2 泛素-蛋白酶体降解系统 (UPS)

在真核生物中，泛素分子的氨基酸序列和空间结构十分保守。泛素激活酶 E1 在 ATP 存在的情况下，其半胱氨酸残基通过与泛素分子上的甘氨酸残基形成一个硫酯键来使 Ub 处于激活状态。拟南芥中共有两个基因编码 E1，分别位于第 2 和第 5 条染色体上，有 81%的同源性，一般认为 E1 在泛素化修饰过程中对底物蛋白几乎不具有特异性。泛素结合酶 E2，相对于 E1 而言，在真核生物中是一个很大的家族，如线虫含有 22 个成员、酵母含有 11 个成员、拟南芥含有 37 个成员。E2 分子上也含有一个半胱氨酸残基，通过与泛素分子上的甘氨酸残基结合来形成 E2-Ub 中间体，负责接收 E1-Ub 中的 Ub 分子 (Kraft 等, 2005)。泛素连接酶 E3 是一个庞大的家族，拟南芥中编码 E3 的基因有 1 400 多个，主要负责结合底物蛋白，决定底物蛋白的特异性。泛素连接酶 E3 可以分为含有 HECT (Homologous to E6-AP C-terminus) 结构域的 E3、含有 U-box 结构域的 E3 和 RING (really interesting new gene) 结构域的 E3。含有 HECT 结构域的 E3 首先将 E2-Ub 中间体上的 Ub 分子转移到 E3 蛋白的半胱氨酸残基上，然后再转移至底物蛋白的赖氨酸残基上；而 RING 型和 U-box 型的 E3 则不与 Ub 直接结合，只是既与 E2 结合又与底物蛋白结合，在空间上将二者拉近，从而将 Ub 分子直接从 E2 上转移至靶蛋白上。

拟南芥中含有 RING 结构域的 E3 蛋白又分为两大类。一类是单亚基的 RING/U-box/PHD-finger 的 E3，由单一的蛋白组成。这个单一的蛋白既能够与 E2 结合，又能够与底物蛋白特异性地结合。另一类是多亚基的 E3。在植物中已发现的多亚基 E3 有 SCF（Skp-Cullin-F-box）、APC（Anaphase Promoting Complex）和 CUL3-based BTB（Broad-complex, Tramtrack, Bric-a-Brac）和 CUL4-based BTB E3 连接酶复合体（Thomann 等，2005；Cardozo 和 Pagano，2004；Ivan 等，2001；Pintard 等，2004；Peters，2002）。如图 2.3 所示，该复合体由多个蛋白组成，含有一个起支架作用的 Cullin 亚基、具有 RING-finger 结构域的亚基（该亚基负责与 E2-Ub 中间体结合）以及负责结合特异性底物蛋白的亚基（Stone 等，2005；Lorick 等，1999；Hatakeyama 等，2001）。

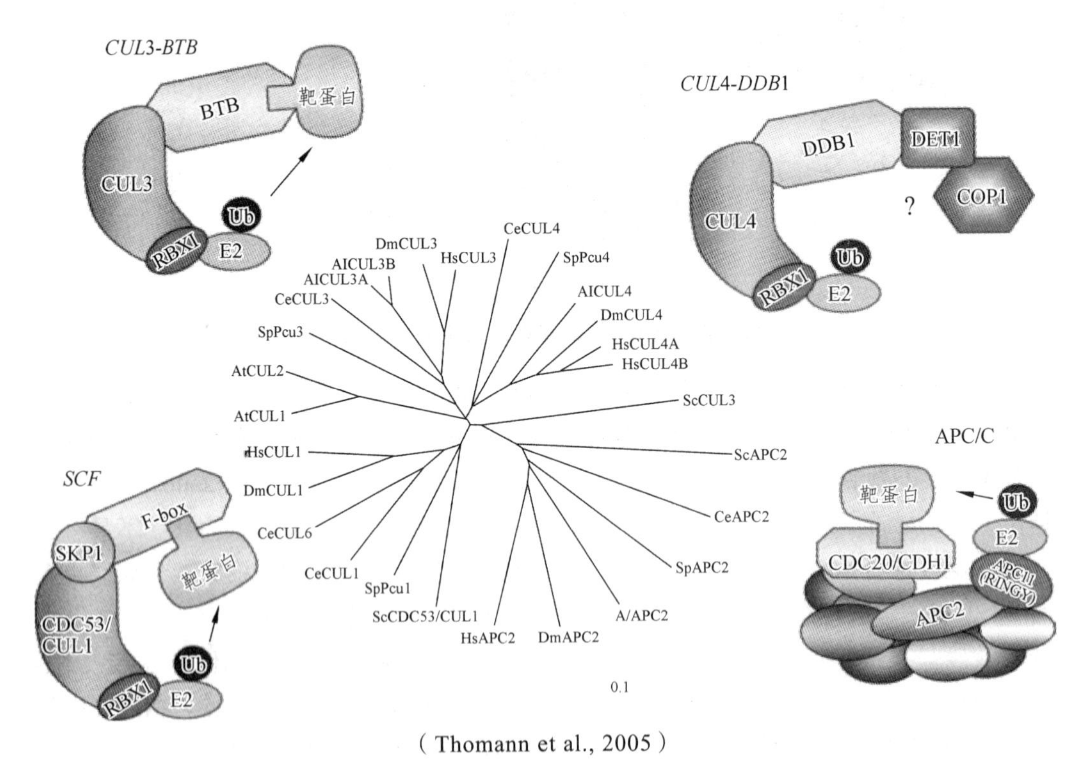

（Thomann et al., 2005）

图 2.3　植物 CULLIN 型的 E3 泛素连接酶复合体

拟南芥中多亚基的 E3 中，SCF 型的 E3 是种类最多的一类，根据它们组分中的 3 个亚基即 SKP1、Cullin 和 F-box 蛋白来命名。其中，Cullin 蛋白是复合体中的桥梁蛋白；F-box 蛋白是复合体中的底物受体，负责特异性地识别靶蛋白；SKP1 蛋白则负责将桥梁蛋白 Cullin 和受体蛋白 F-box 连接在一起，形成一个复合体发挥功能。E3 决定底物的特异性，拟南芥的 1 400 多个 E3 中 F-box 蛋白就有 700 多个，占有很大的比重，在 SCF 复合体中 E1、E2 和 F-box 蛋白通过不同组合调节泛素连接酶的特异性（Gagne 等，2002）。F-box 蛋白通过 N 端 F-box domain 和 SKP1 蛋白发生相互作用，同时 C 端 WD40 基序或者富含亮氨酸重复区域 LRR（Leucine-rich repeat）作为底物识别区域，特异性地靶向作用底物（Gagne 等，2002），如图 2.4 所示。

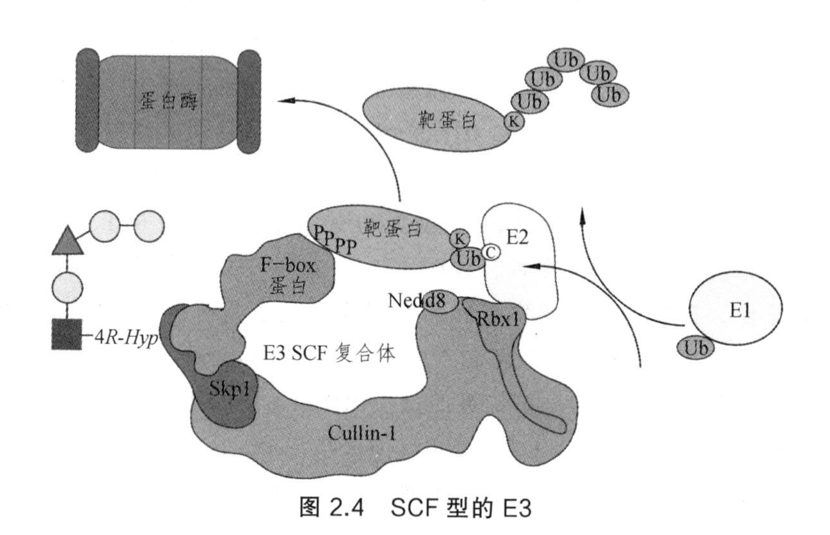

图 2.4　SCF 型的 E3

第二节　泛素-蛋白酶体途径调控植物生长发育

泛素化修饰是一种重要的蛋白质翻译后修饰，可以调控蛋白的稳定性、蛋白的活性状态以及亚细胞定位等，在植物的生长发育过程中扮演着重要的角色。以泛素蛋白酶体途径中研究较为深入的单亚基 RING E3 和多亚基 E3 为例，本节阐述了泛素蛋白酶体途径是如何调控植物生长发育的。

单亚基 RING E3 的 RING-finger 结构域负责结合 E2，其他结构域包括 WD40、LRR 等负责结合底物蛋白以及其他一些辅助因子。拟南芥基因组编码 400 多个 RING 蛋白中，研究较深入的单亚基 RING E3 蛋白是 COP1（constitutive photomorphogenic1）（Patterson，2002）。COP1 是光形态建成的抑制子，在黑暗下抑制光调控的植物发育，该蛋白的 N 端含有 RING 基序，C 端含有 WD40 重复序列，WD40 结构域约含有 40 个氨基酸残基，最后 2 个氨基酸通常是色氨酸和天冬氨酸，通常和底物蛋白结合（Ang 等，1998）。COP1 突变后，黑暗下生长的拟南芥幼苗在下胚轴缩短、叶发育、光合器官形成等方面表现出光下生长幼苗的特征（Ang 等，1998），该结果预示着 COP1 的底物很可能在促进植物光形态建成方面发挥功能。研究表明 bZIP 转录因子 HY5（Hypocotyl 5）和 HYH（HY5 homolog）是 COP1 的底物（Ang 等，1998；Osterlund 等，2000）。HY5 是光形态建成的正调节子，是光调控的基因表达必需的蛋白，能在光下积累，而在黑暗条件下会被蛋白酶体降解（Osterlund 等，2000）。黑暗条件下 *cop1* 突变体植株中 HY5 蛋白水平显著积累，表明 HY5 的降解需要 COP1（Osterlund 等，2000）。体内和体外实验研究结果表明，COP1 通过 WD40 重复序列直接与 HY5 相互作用，进一步证实了 COP1 是 HY5 降解所需要的 E3 的一个组分（Osterlund 等，2000）。这些实验结果都表明单亚基 RING 型的 E3 在植物的生长发育和形态建成方面具有重要作用。

在植物体中单亚基 RING 型的 E3 目前大约有 400 多个，而 SCF 型 E3 连接酶复合体中的 F-box 蛋白却有 700 多种，说明了 SCF 型的 E3 连接酶复合体在植物体中占有很大的比重，在植物的生长发育和形态建成方面也具有重要作用。研究者最初分离的 SCF 复合体包含 SKP1、CDC53（或 Cullin）和 F-box 三个蛋白。进一步研究发现 SCF 与一个有 RING-finger 结构域的蛋白 RBX1（Ring-Box 1）和一个小分子蛋白 RUB1 共同作用组成 E3（Gray 等，2001；Xu 等，2002；Han 等，2004）。这个复合体中 Cullin 作为支架蛋白结合 RBX1 和连接蛋白 SKP1，SKP1 则结合一系列具有底物特异识别功能的 F-box 蛋白（Pickart，2001）。已知的 SCF 复合体的底物包括转录因子、细胞周期调控因子以及发育和信号转导涉及的多种因子。拟南芥 SKP1 家族蛋白中有 21 个 ASK（*Arabidopsis* SKP1-like 1），酵母双杂实验表明 ASK1、ASK2、ASK11 和 ASK19 与多数研究过的 F-box 蛋白有相互作用，而 ASK5 和 ASK16 仅与少数 F-box 蛋白相互作用（Jin 等，2004；Lechner 等，2006）。研究表明 ASK1 和 ASK2 可能参与绝大多数的 SCF 复合体，且 ASK1 是所有 ASK 中存在最广泛的（Lechner 等，2006）。拟南芥至少有 5 个 Cullin 蛋白：CUL1、CUL2、CUL3A、CUL3B 和 CUL4（Lee 等，2010）。目前对 Cullin 的研究表明 AtCUL1 是植物发育中最重要的 Cullin（Lee 等，2010）。F-box 蛋白 N 端含有 60 个氨基酸的 F-box 保守序列，该 F-box 结构域负责结合 ASK，在其 C 端还含有与底物蛋白结合所需要的结构域，负责特异识别底物蛋白，据报道拟南芥中有 700 多个 F-box 蛋白（Hermand，2006）。*COI1*（*CORONATINE INSENSITIVE 1*）编码的一个 F-box 蛋白，是茉莉酸的受体，能够形成 SCF^{COI1} 复合体参与到茉莉酸信号通路中，调控茉莉酸介导的植物的发育和防御反应（Yan 等，2009；Gfeller 等，2010）。F-box 蛋白 ZTL（ZEITLUPE）是昼夜节律中的光受体，在蓝光存在的条件下 GI（GIGANTEA）蛋白与 ZTL 蛋白结合进而稳定 ZTL 蛋白，形成 SCF^{ZTL} 复合体介导 TOC1（TIMING OF CAB EXPRESSION1）的降解。TOC1 是昼夜节律基因的负调控因子，对于昼夜节律的维持以及植株正常的生长发育具有重要作用（Kim 等，2007；Más 等，2003）。上述研究结果说明，在植物体内不论是 RING 型单亚基 E3 还是多亚基 E3，都可以通过对蛋白质进行多聚泛素化修饰，调控蛋白的稳定性、活性状态或者是亚细胞定位情况，进而调控植物的生长发育。

第二节　泛素介导的蛋白质降解系统在激素信号转导途径中发挥重要作用

近年来，研究发现蛋白的泛素化在逆境胁迫的信号转导和植物激素的信号转导及信号交错中起着关键的调控作用。不论是生长素信号受体（TIR1）、赤霉素信号受体（GID1）、茉莉酸信号受体（COI1）和 ABA 信号受体（PYL4、PYL8 和 PYL9）等植物激素的受体，还是 ABA 信号通路中的 ABI3、ABI5 等下游重要的转录因子，都受到泛素修饰系统的调控。

生长素信号受体 TIR1（transport inhibitor response 1）是一个 F-box 蛋白，能与 AtCUL1、RBX1 及 ASK1 一起形成一个 SCF^{TIR1} 复合体，发挥功能。 SCF^{TIR1} 组分缺失突变体（*ask1*、*tir1*、*rbx1*）都对生长素表现出不敏感性，表明 SCF^{TIR1} 的底物蛋白是生长素反应的负调控因子（Tromas 和 Perrot-Rechenmann，2010）。SCF^{TIR1} 复合体能催化激活状态的泛素分子从泛素连接酶 E3 转移到底物分子上（Tromas 和 Perrot-Rechenmann，2010）。在没有生长素时，生长素信号转导中的负调节因子 AUX/IAA 蛋白与 ARF（auxin response factor）形成异源二聚体，抑制生长素响应基因表达；而存在生长素时，生长素分子与 TIR1 结合并激活 TIR1，TIR1 随后与 AUX/IAA 结合并泛素化 AUX/IAA，使其降解，释放 ARF，从而促进生长素响应基因的表达（Tromas 和 Perrot-Rechenmann，2010）。

泛素/26S 蛋白酶体途径也调节 GA 诱导的 DELLA 蛋白降解。DELLA 是 GA 信号途径的负调控因子。2005 年，从水稻赤霉素不敏感的矮化突变体 *gid1*（*gibberellin insensitive dwarf 1*）中分离到一种 GID1 蛋白，是 GA 的受体，而且依赖 GA 与 SLR1（slender rice 1，属于 DELLA 核蛋白家族）发生直接作用（Hirano 等，2008）。GA 诱导 SLR1 磷酸化可以促进 GID2 蛋白与磷酸化的 SLR1 直接相互作用，使磷酸化的 SLR1

被 SCF^{GID2} 复合体泛素化，再通过 26S 蛋白酶体降解，诱发赤霉素应答反应（Hirano 等，2008）。

泛素/26S 蛋白酶体途径还参与茉莉酸反应。在植物生长发育和抗逆反应中茉莉酸起到了至关重要的作用。*COI1*（*CORONATINE INSENSITIVE1*）编码的 F-box 蛋白，与 ASK1 或 ASK2、RBX1 以及 CUL1 一起组成 SCF^{COI1} 复合体，在茉莉酸信号途径中起着关键作用，突变体 *coi1* 几乎丧失对茉莉酸的所有反应（Gfeller 等，2010）。推测拟南芥中茉莉酸可激活 SCF 复合体，使转录抑制因子 JAZ 蛋白泛素化，进而被 26S 蛋白酶体降解（Gfeller 等，2010）。

ABA 介导了植物对胁迫的反应，如干旱、极端温度和高盐，而且调节非生物逆境胁迫反应，包括种子成熟和芽休眠，使植物能够适应外界快速变化的环境并更好地生存下来（Assmann，2003；Luan，2002；Wasilewska 等，2008；Cadman 等，2006；Finch-Savage 和 Leubner-Metzger，2006；Nambara 和 Marion-Poll，2003）。因为 ABA 在植物生理上具有不可或缺的作用，人们越来越关注 ABA 在农业上的应用，研究者们对该激素的合成和代谢、功能，以及信号转导机制也进行了深入的研究。植物体内 ABA 信号转导途径中的各调节因子受到多个水平上的调节，包括 ABA 受体、蛋白磷酸酶、蛋白激酶、下游转录因子 ABI3、下游转录因子 ABI5、ABA 响应元件的表达等转录水平的调节和转录后水平的调节。蛋白质降解是一个重要的转录后调控过程，通过调节关键蛋白的表达水平，促使生物体对胞内信号和外界环境条件的改变迅速做出反应。UPS 途径是真核生物体内主要的蛋白水解途径，在转录后水平调节 ABA 信号转导途径。2010 年，LIU 等发现拟南芥 RING 型 E3 泛素连接酶 KEG（KEEP ON GOING），是 ABA 信号通路中的负调节因子（Liu 和 Stone，2010）。在 KEG 功能缺失突变体 *keg* 中，ABA 响应的转录因子 ABI5 大量积累，证实了 ABI5 是 KEG E3 泛素连接酶的特异性作用底物（Liu 和 Stone，2010）。在 ABA 存在的情况下，ABA 诱导 KEG 的泛素化，使其被 26S 蛋白酶体识别降解，从而使 ABI5 积累，调控下游 ABA 响应因子的表达（Liu 和 Stone，2010）。2010 年，Lee 等也提出了泛素-蛋白酶体途径参与了 ABA 信号通路中 ABI5 的降解，通过酵母双杂交、免疫共沉淀、细胞自由降解等实验，证实了拟南芥中 DWA1 和 DWA2 通过形成异源或同源二聚体，作为 CUL4 E3 泛素连接酶复合体中的底物受体，特异性识别 ABI5，使其多聚泛素化，进而被蛋白酶体识别降解（Lee 等，2010）。含有 B3 结构域的转录因子 ABI3 是 ABA 信号通路中的至关重要的调节子，ABI3 蛋白十分不稳定，可被泛素-蛋白酶体途径所降解。2005 年，Zhang 等发现拟南芥中 AIP2 蛋白（ABI3-interacting protein）含有一个 RING 结构域，能够与 ABI3 相互作用，使 ABI3 多聚泛素化并被 26S 蛋白酶体所识别降解（Zhang 等，2005）。故而 AIP2 通过在转录后水平靶作用 ABI3 的降解来负调节 ABA 信号传导系统（Zhang 等，2005）。U-box 型的 E3 泛素连接酶

PUB12 和 PUB13 能够与 ABA 信号通路中的蛋白磷酸酶 PP2C 互作，从而调控蛋白磷酸酶 ABI1 的蛋白水平，然而这种调控依赖于 ABI1 与 ABA 受体的结合（Kong 等，2015）。ABA 的受体在蛋白水平上也会被降解，并且经由泛素蛋白酶体系统来调控其蛋白稳定性，包括 DDA1 依赖的 PYL8、PYL4、PYL9 的蛋白降解（Irigoyen 等，2014；Bueso 等，2014）和 SCF 型 E3 泛素连接酶、RIFP1（RCAR3 INTERACTING F-BOX PROTEIN 1）蛋白介导的 ABA 受体 RCAR3 的蛋白降解（Li 等，2016）。

众所周知，SnRK2s 是 ABA 信号通路中的重要的正调控因子，其激酶活性的调控对于 ABA 信号转导开关以及植物对于非生物胁迫的响应具有至关重要的作用（Irigoyen 等，2014；Bueso 等，2014；Li 等，2016）。但是关于 ABA 信号转导通路是如何通过调控 SnRK2s 的激酶活性来控制的具体机制仍不清楚。蛋白激酶的活性主要受转录和蛋白水平的调控。蛋白水平上，激酶的活性取决于蛋白的修饰及基因的表达水平。如图 2.5 所示，在拟南芥 10 个 SnRK2s 中，SnRK2.2（SnRK2D）、SnRK2.3（SnRK2I）和 SnRK2.6（SnRK2E 或 OST1）的蛋白序列是十分相似的，并且在调控种子休眠、种子萌发、幼苗生长以及抗旱等 ABA 介导的应激反应中功能冗余（Hrabak 等，2003；Mustilli 等，2002；Fujii 和 Zhu，2009；Hirayama 和 Shinozaki，2010；Nishimura 等，2007）。

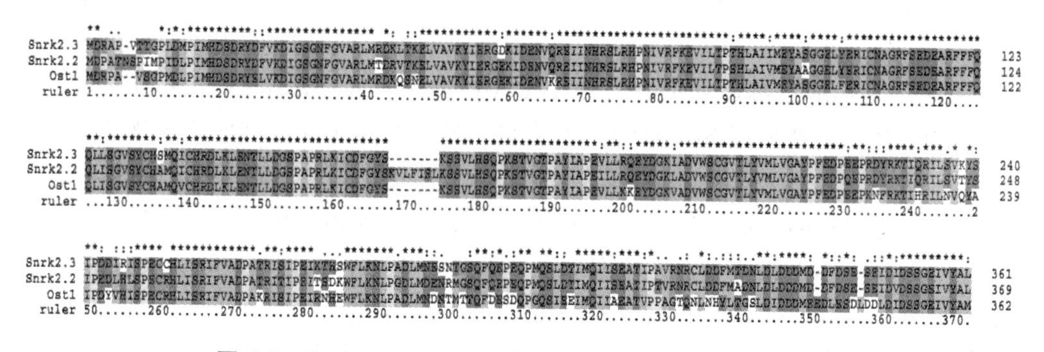

图 2.5 SnRK2.2、SnRK2.3 和 SnRK2.6 蛋白序列比对

SnRK2.2、*SnRK2.3* 和 *SnRK2.6* 这些基因转录水平上调控的报道很少，在蛋白调控水平上也只有关于磷酸化的报道（Ng 等，2011）。SnRK2.2、SnRK 2.3 和 SnRK 2.6 的自磷酸化形式是具有蛋白激酶活性的形式（Ng 等，2011），但它们自磷酸化的具体机制也知之甚少。蛋白水平上的调控除了用蛋白的磷酸化修饰来调控蛋白的激酶活性，还有一种十分重要的调控方式，即蛋白的泛素化修饰，通过对蛋白质进行多聚泛素化修饰来调控蛋白的降解，使植物在逆境胁迫下体内的蛋白维持稳态，调控植物对于胞内信号以及外界环境信号的响应，进而调控植物的生长发育及逆境胁迫响应（Vierstra，2009；Moon 等，2004；Smalle 和 Vierstra，2004）。然而我们对于这些蛋白激酶的蛋白泛素化修饰的调控机制却知之甚少。所以推进蛋白激酶的

泛素化修饰研究，解析它们在蛋白水平上的降解调控机制，对于深入的探究及解析ABA信号通路的作用机制及转录后水平上ABA信号通路的调控机制将会具有重大意义。

第四节 AtPP2-B11的研究进展

SCF型的泛素E3连接酶复合体能够特异性地识别底物蛋白，并且该复合体中的F-box蛋白作为底物受体能够特异性地识别靶蛋白（Santner和Estelle，2010），将靶蛋白多聚泛素化从而被26S蛋白酶体降解，进而参与植物的生长发育和逆境胁迫。而在拟南芥中共有1 400多个E3连接酶，它们调控众多功能蛋白的稳定性，进而参与到各个生物学过程中。2014年，Li等为了寻找参与到干旱胁迫响应中的E3连接酶，通过对拟南芥中1 488个E3连接酶基因的启动子进行分析，找出了155个含有DRE顺式作用元件的候选基因，通过与其他实验室已报道的基因组大规模测序的结果进行比对，找到23个很可能参与到干旱响应中的E3连接酶基因。他们进一步分析了干旱诱导后RT-PCR检测基因表达水平，发现*At1g80110*受干旱诱导表达最强烈，而这个基因能够编码一个N端含有F-box结构域、C端含有PP2结构域的蛋白AtPP2-B11。他们通过酵母双杂交实验发现AtPP2-B11能与ASKs蛋白相互作用，证明了AtPP2-B11能够形成$SCF^{AtPP2\text{-}B11}$复合体，然后在干旱胁迫响应中发挥功能（Li等，2014）。*AtPP2-B11*在植物的多个组织中均有表达，而将其过表达后植物表现出对干旱的敏感增强的特征（Li等，2014）。为了寻找AtPP2-B11的互作蛋白，他们以AtPP2-B11作为诱饵蛋白，在拟南芥cDNA文库中进行筛选，发现AtLEA14能够与AtPP2-B11互作，并在BiFC体系中验证了它们之间的相互作用（Li等，2014）。同时他们还发现在干旱诱导的条件下，AtPP2-B11过表达的植株中AtLEA14的蛋白水平明显低于野生型，说明AtPP2-B11作为负调控因子参与植物对干旱胁迫的响应（Li等，2014）。通过后续研究，他们发现*AtPP2-B11*还受盐诱导表达，其过表达植株在盐胁迫上表现出对盐胁迫不敏感的表型，而AtPP2-B11表达量下调的突变体却对盐胁迫表现出敏感性增强的表型（Jia等，2015）。AtPP2-B11能够促进盐胁迫下游响应基因*AnnAt1*的表达，并且在盐胁迫诱导后AnnAt1在AtPP2-B11过表达植株中的蛋白水平高于野生型，而在AtPP2-B11表达量下调植株中的蛋白水平却低于野生型中的AnnAt1的蛋白水平（Jia等，2015）。实验表明AtPP2-B11还可以作为正的调控因子参与到植株对于盐胁迫的响应中。

然而对于AtPP2-B11是否与AtLEA14间存在直接的相互作用，AtPP2-B11是否直接靶作用于 AtLEA14 并使其多聚泛素化从而被降解，AtPP2-B11 是否调控 AnnAt1 的蛋白水平以及这背后的具体的调控机制，我们还无从所知。ABA 是逆境胁迫中十分重要的激素，调控植物对于逆境胁迫的响应，既然 AtPP2 能够参与到干旱和盐胁迫多个逆境过程中，那么 AtPP2-B11 是否也参与到 ABA 信号通路中呢？是否也影响 ABA 信号通路中重要调节因子的蛋白水平呢？这促使我们对于 AtPP2-B11 在 ABA 信号通路中的生物学功能进行深入的探究。

第三章

拟南芥响应 ABA 关键泛素连接酶功能分析

脱落酸（abscisic acid，ABA）是植物参与胁迫反应的重要激素，在植物对逆境的响应和逆境下可塑性发育方面发挥功能。已经有研究表明众多的基因参与了 ABA 的合成、代谢及信号转导过程，而且多数集中在这些基因的转录水平。但是基因转录后调控对其发挥功能非常重要。蛋白质降解是一个重要的转录后调控过程，通过调节关键蛋白的表达水平，促使生物体对胞内信号和外界环境条件的改变迅速作出反应。泛素-蛋白酶体降解途径是真核生物体内蛋白降解的主要途径，在转录后水平调节 ABA 信号转导途径。ABA 信号通路中存在很多受 E3 泛素连接酶靶作用的底物，如 ABA 受体、ABI1（ABSCISIC ACID-INSENSITIVE 1）、ABI3（ABSCISIC ACID-INSENSITIVE 3）和 ABI5（ABSCISIC ACID-INSENSITIVE 5）等，但是目前在 ABA 信号通路中对泛素蛋白酶体降解途径的研究还不够深入，一方面 ABA 信号通路中的一些重要调节因子在转录后水平的调节还是未知的，另一方面很多参与 ABA 信号通路的 E3 连接酶的靶作用的底物也是未知的。

SnRK2s 作为 ABA 信号通路中的正调节因子，在植物对于 ABA 信号的响应中具有重要作用，SnRK2s 亚家族中含有 SnRK2.2、SnRK2.3 和 SnRK2.6 三个成员，*SnRK2.6* 在保卫细胞中表达，主要在植株的干旱胁迫方面发挥功能；*SnRK2.2* 和 *SnRK2.3* 在植株各个组织中表达，在植株的种子发育、休眠和幼苗的萌发转绿过程中发挥功能（Umezawa 等，2010；Yoshida 等，2006；Yoshida 等，2002；Mustilli 等，2002；Fujii 等，2007）。然而在干旱胁迫响应和 ABA 处理条件下种子萌发转绿过程中，这三个基因的单突变体没有表现出明显的表型，双突变体对干旱和 ABA 有响应，而三突变体 *snrk2.2 snrk2.3 snrk2.6* 却对干旱和 ABA 有十分显著的响应，这就说明了 *SnRK2s* 的表达具有组织器官特异性，并且 SnRK2.2、SnRK2.3 和 SnRK2.6 之间在功能上存在冗余（Fujii 和 Zhu，2009）。然而对于蛋白激酶 SnRK2s 的研究目前只局限于转录水平，以及转录后的蛋白磷酸化修饰水平，而对于 SnRK2s 的蛋白稳定性的研究仍知之甚少。

综上所述，我们提出三个科学问题：1）蛋白激酶 SnRK2s 是否会降解？ 2）SnRK2s 的蛋白降解过程是否受泛素蛋白酶体途径所介导？ 3）如果是这样的话，那么调控 SnRK2s 降解的 E3 泛素连接酶是谁？SnRK2s 经由泛素蛋白酶体途径调控自身蛋白稳定性的具体的调控机制又是什么？

带着这三个科学问题，我们将以模式植物拟南芥为研究材料，采用遗传学、生物化学和分子生物学等研究技术，深入探究 ABA 信号通路中重要的调控因子 SnRK2s 的蛋白稳定性的调控机制，对 ABA 信号通路中的作用机制进行更加深入的挖掘，解析转录后水平上 ABA 信号通路的调控机制，有助于揭示生命过程调控的奥秘，还将为有效利用这些基因资源奠定理论基础。

第一节　SnRK2s 蛋白能够被 26S 泛素蛋白酶体系统降解

为了探究 SnRK2s 蛋白的降解特征，首先用半体外蛋白降解实验检测 SnRK2s 蛋白是否降解以及这种降解是否受 26S 泛素蛋白酶体调控。以拟南芥的 cDNA 为模板扩增到 *SnRK2.2*、*SnRK2.3* 和 *SnRK2.6* 的 CDS 序列，连接在 T 载体上进行测序，测序正确后使用 *EcoR* Ⅰ和 *BamH* Ⅰ进行双酶切得到含有黏性末端的目的片段，将其连入同样使用 *EcoR* Ⅰ和 *BamH* Ⅰ酶切后的目的载体 pMAL-c2X 上，即得到 *35S::MBP-SnRK2.2*、*35S::MBP-SnRK2.3* 和 *35S::MBP-SnRK2.6* 的融合 MBP 标签的原核生物蛋白表达载体。将构建好的载体转化入原核生物蛋白表达菌株 BL21 中，在 BL21 中表达并纯化偶联 MBP 标签的 SnRK2.2 蛋白、SnRK2.3 蛋白和 SnRK2.6 蛋白。将体外纯化出的偶联 MBP 标签的 SnRK2.2 蛋白、SnRK2.3 蛋白和 SnRK2.6 蛋白分别与从生长在 MS 培养基上 10 天大的拟南芥幼苗中提取的总蛋白粗提液混合，进行体外孵育。如图 3.1 所示，当孵育体系中不加入 MG132（26S 蛋白酶体抑制剂）时，相对于 0 h 的蛋白水平，SnRK2.2、SnRK2.3 和 SnRK2.6 的蛋白水平在 3 h、6 h 和 16 h 时是随着时间的增加逐渐下降；而当孵育体系中加入 MG132 时，SnRK2s 的蛋白水平的降解被明显抑制。在没有 MG132 处理时，相对于 0 h 的蛋白水平，SnRK2.2 的蛋白相对水平于 3、6 和 16 小时分别达到 0.7、0.68 和 0.35；而在加入 MG132 处理时，在相应时间点上其蛋白相对水平却分别为 1.1、1.0 和 0.78。在没有 MG132 处理时，SnRK2.3 的蛋白相对水平于 3、6 和 16 小时分别达到 0.68、0.45 和 0.36；而在加入 MG132 处理时，在相应时间点上其蛋白相对水平却分别为 0.7、0.8 和 1.0。在没有 MG132 处理时，SnRK2.6 的蛋白相对水平于 3、6 和 16 小时分别达到 0.35、0.25 和 0.24；而在加入 MG132 处理时，在相应时间点上其蛋白相对水平却分别为 0.85、0.82 和 0.9。很显然，加入 MG132 后，SnRK2.2、SnRK2.3 和 SnRK2.6 的蛋白降解速率减慢，这个体外实验的结果说明三个 SnRK2s 蛋白均可以通过 26S 泛素蛋白酶体系统被降解。

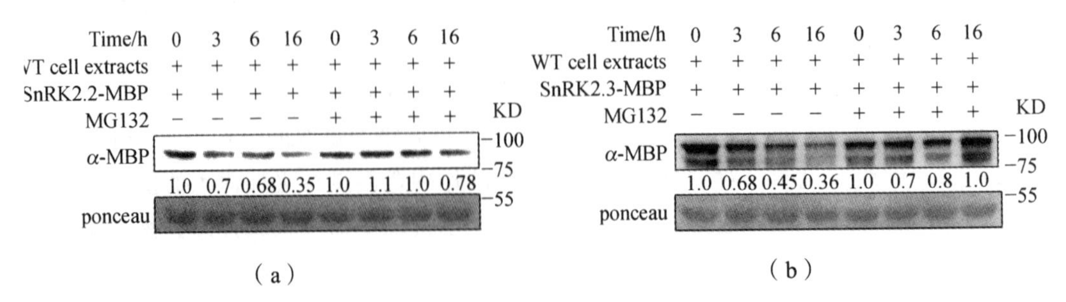

（a）　　　　（b）

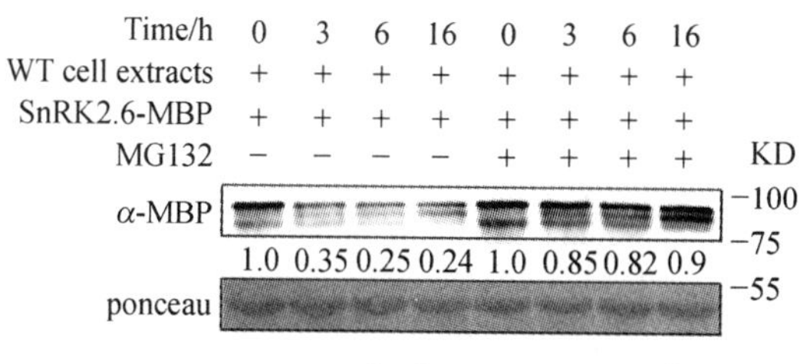

（c）

半体外蛋白降解实验检测 SnRK2.2-MBP （a），SnRK2.3-MBP （b）和 SnRK2.6-MBP （c）蛋白降解水平。

图 3.1 半体外蛋白降解实验检测在野生型拟南芥中施加或者不施加 MG132 时 SnRK2s 的蛋白降解情况

为了进一步证实 SnRK2s 在拟南芥植物体内是否存在 26S 泛素蛋白酶体介导的降解，以 SnRK2.3 为例进行了进一步的研究。首先，以拟南芥 cDNA 为模板扩增 *SnRK2.3* 的 CDS 序列，使用 gateway 的方法构建了 *35S::SnRK2.3-3Flag*（偶联 3 个 Flag 标签）过表达载体，并获得了在野生型拟南芥中过表达 *35S::SnRK2.3-3Flag* 的转基因植株。通过进一步抗性筛选得到了两个纯合的转基因植株株系，分别为：*SnRK2.3-OE-1* 和 *SnRK2.3-OE-8*，这两个株系的蛋白表达水平不同，*SnRK2.3-OE-1* 的蛋白表达水平高于 *SnRK2.3-OE-8* 的蛋白水平，如图 3.2 所示。以 *SnRK2.3-OE-8* 稳定纯合转基因植株为例，在植物体内检测 SnRK2.3 的蛋白降解情况。10 天大的 *SnRK2.3-OE-8* 转基因植株幼苗用 CHX（蛋白合成抑制剂）或者 CHX+MG132 处理，分别在 0 h、3 h、6 h 和 16 h 取样，提取蛋白并用 Western blot 检测 SnRK2.3 的蛋白水平。从图 3.3 可以看出，当仅有蛋白合成抑制剂存在的情况下，SnRK2.3 蛋白从 3 h 开始就发生了显著的降解现象，并且随着时间的延长，蛋白降解明显加剧，到 16 h 的时候几乎检测不到 SnRK2.3 蛋白。与之形成鲜明对比的是，CHX+MG132 处理的样品中 SnRK2.3 蛋白处理 16 h 后才出现明显的降解，显著慢于只用 CHX 处理的样品。这个结果证明在拟南芥体内 SnRK2.3 蛋白确实存在降解，而且其降解是受 26S 泛素蛋白酶体降解系统调控的。

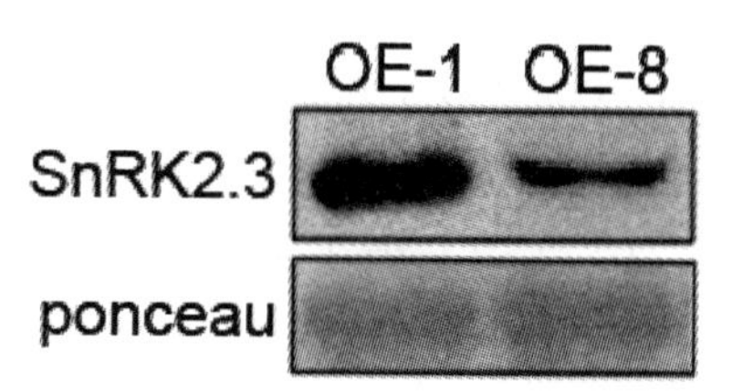

图 3.2 *SnRK2.3-OE-1* 和 *SnRK2.3-OE-8* 稳定纯合转基因植株中 SnRK2.3 蛋白水平检测

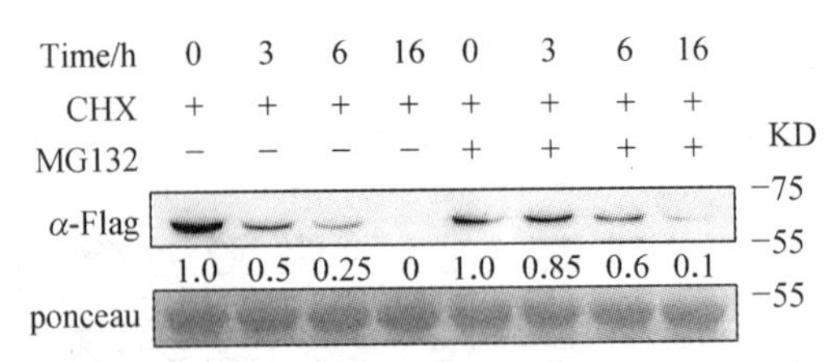

体内降解实验检测施加和不施加 MG132 的情况下 SnRK2.3 的蛋白降解情况。

图 3.3 *In vivo* 实验检测在拟南芥稳定转化植株中 SnRK2.3 的蛋白降解情况

第二节 SnRK2.3 与 AtPP2-B11 存在相互作用

为了寻找影响 SnRK2s 蛋白降解或稳定性的 E3 连接酶，用 SnRK2.6 作为诱饵蛋白，在酵母双杂文库中筛选互作蛋白。在筛选到的与 SnRK2.6 互作的蛋白中，发现有已知的互作蛋白，如 HAB1、ABI1 和 ABI2 等，这证明了筛选体系是有效的。令人振奋的是，筛选到的一个 SnRK2.6 的互作蛋白是 F-box 家族蛋白 AtPP2-B11。已有文献证实了 AtPP2-B11 能够与 SCF E3 泛素连接酶复合体中的核心成分 SKP1A 和 SKP1B 互作，是 SCF E3 泛素连接酶复合体中的一员（Risseeuw 等，2003）。由于 AtPP2-B11 既能与 SKP1A 和 SKP1B 互作也能与 SnRK2.6 互作，推测 AtPP2-B11 很可能作为 SCF 型 E3 连接酶复合体中的底物受体介导底物蛋白的降解，而且它很可能参与调节 SnRK2.6 的蛋白稳定性。

为了验证上述推测，首先对 SnRK2.6 与 AtPP2-B11 间的互作进行验证。由于 SnRK2.2、SnRK2.3 和 SnRK2.6 在蛋白水平上具有高度的相似性（Kulik 等，2011；Fujii 和 Zhu，2009），所以可同时验证这三个 SnRK2 蛋白与 AtPP2-B11 的互作。以拟南芥的 cDNA 为模板扩增到 *AtPP2-B11*、*SnRK2.2*、*SnRK2.3* 和 *SnRK2.6* 的 CDS 序列，通过 gateway 的方法重组获得目的载体 pGADT7、pGBKT7、pEarleyGate201-YN 和 pEarleyGate202-YC 上，分别进行酵母双杂交检测和双分子荧光互补检测。如图 3.4（a）所示，在酵母双杂交体系中，AtPP2-B11 与三个 SnRK2 蛋白均存在很强的相互作用。在烟草叶片瞬时表达系统中用双分子荧光互补（BiFC）实验进一步验证这种蛋白间相互作用，但结果令人意外。如图 3.4（b）所示，在共表达 AtPP2-B11 和 SnRK2.6 的烟草细胞中没有观测到 YFP 信号，而在共表达 AtPP2-B11 和 SnRK2.2 及 AtPP2-B11 和 SnRK2.3 的烟草细胞的细胞核和细胞质中都检测到了很强的 YFP 信号。图 3.5 显示阴性对照没有观察到荧光，说明在植物细胞中 AtPP2-B11 能够与 SnRK2.2 和 SnRK2.3 互作，但与 SnRK2.6 不互作。

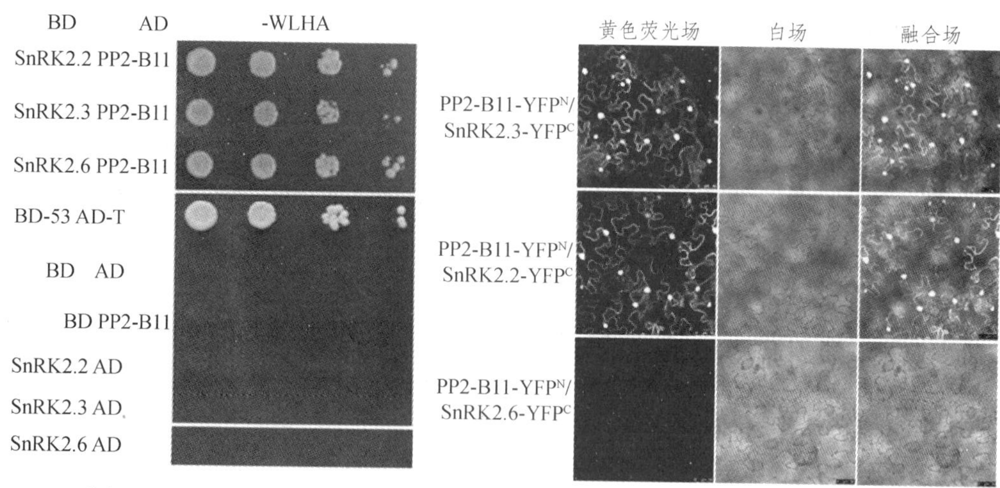

F-box蛋白AtPP2-B11与蛋白激酶SnRK2.2、SnRK2.3以及SnRK2.6间在酵母双杂系统中互作验证。

（a）酵母体系

AtPP2-B11-YFP^{N}和SnRK2.2/SnRK2.3/SnRK2.6-YFP^{C}在烟草细胞中使用双分子荧光互补实验进行互作验证。

（b）烟草体系

图3.4　在酵母及烟草体系中AtPP2-B11与SnRK2.2、SnRK2.3和SnRK2.6间相互作用研究

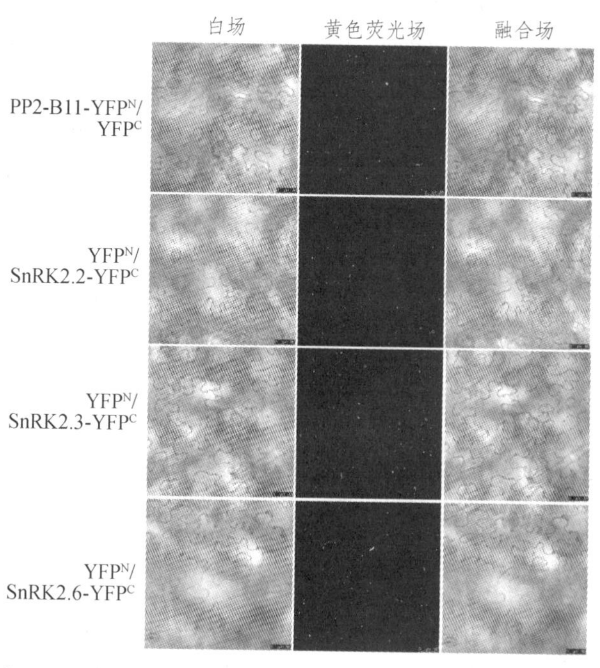

AtPP2-B11-YFP^{N}与YFP^{C}以及YFP^{N}与SnRK2.2-YFP^C，SnRK2.3-YFP^{C}和SnRK2.6-YFP^{C}共转烟草叶片。注射2天后使用荧光显微镜观测YFP信号。

图3.5　AtPP2-B11与SnRK2.2、SnRK2.3和SnRK2.6间相互作用阴性对照分析

为了进一步验证 AtPP2-B11 与 SnRK2s 是否在拟南芥中互作，我们又进行了免疫共沉淀（Co-IP）实验，首先通过 gateway 的方法构建了 *35S::SnRK2.2-3Flag*、*35S::SnRK2.3-3Flag* 和 *35S::SnRK2.6-3Flag* 载体，又在拟南芥的 cDNA 模板上扩增到了 *AtPP2-B11* 的 CDS 序列，以 *EcoRI*和 *XhoI*为酶切位点连接到目的载体 P1300 上，构建得到了 *35S::AtPP2-B11-Myc*。通过拟南芥蘸花转化法分别得到它们的稳定转基因植株，再通过杂交的方法得到了双过表达材料 *35S::SnRK2.2-3Flag*/*35S::AtPP2-B11-Myc*、*35S::SnRK2.3-3Flag*/*35S::AtPP2-B11-Myc* 和 *35S::SnRK2.6-3Flag*/*35S::AtPP2-B11-Myc*。7 天大的杂交幼苗提取总蛋白后与 ANTI-FLAG M2 Affinity Gel 在 4 °C 进行孵育 1 h，再用蛋白洗脱缓冲液进行洗涤，目的为洗去没有与 ANTI-FLAG M2 Affinity Gel 结合的蛋白。加入蛋白上样缓冲液后进行 SDS-PAGE 电泳，Western blot 检测蛋白间的互作，发现 AtPP2-B11 与 SnRK2.6 之间的确没有相互作用，而 AtPP2-B11-SnRK2.2 和 AtPP2-B11-SnRK2.3 至少在拟南芥植物细胞中存在于同一个复合体中，如图 3.6 （a）所示。

为了进一步证明 AtPP2-B11-SnRK2.2 及 AtPP2-B11-SnRK2.3 是否存在直接的相互作用，所以又进行了体外 Pull-down 试验。以 *EcoR I* 和 *BamH I* 作为酶切位点，将从 cDNA 中扩增得到的 *AtPP2-B11* 的 CDS 序列连接到目的载体 pGEX-4T-1 上，得到 AtPP2-B11 偶联 GST 标签的融合蛋白。将该蛋白体外表达纯化后与 GST 的 beads 进行孵育，室温 1 h 后分别加入 SnRK2.2-MBP、SnRK2.3-MBP 和 SnRK2.6-MBP 体外纯化蛋白，室温孵育 1 h 后，使用 wash buffer 洗涤掉未结合的蛋白，进行 Western blot 检测。Pull down 的实验结果显示只有 SnRK2.3 能够与 AtPP2-B11 在体外存在直接的相互作用，如图 3.6（b）所示。综合上述这些结果，我们可以推断 AtPP2-B11 和 SnRK2.3 无论在植物体内还是体外都存在较强的直接互作，而 AtPP2-B11 与 SnRK2.2 和 SnRK2.6 之间没有直接互作或者仅存在弱的相互作用。

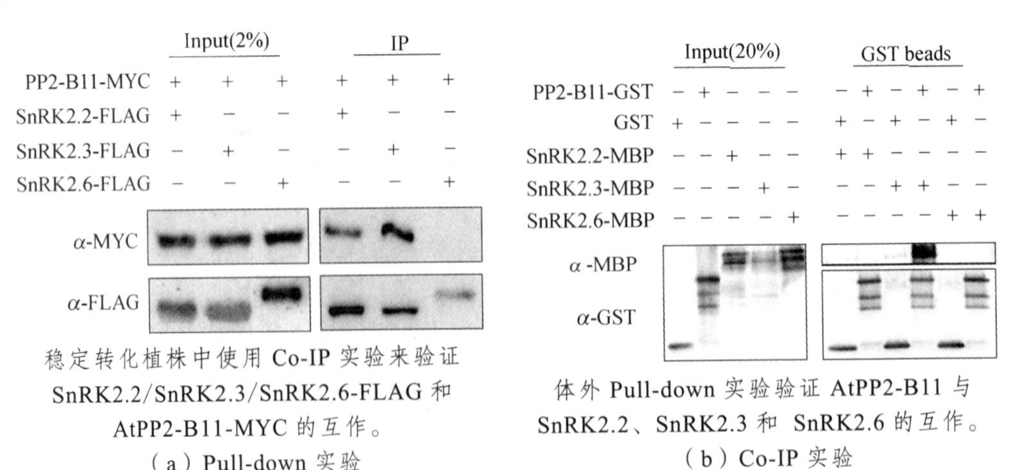

稳定转化植株中使用 Co-IP 实验来验证 SnRK2.2/SnRK2.3/SnRK2.6-FLAG 和 AtPP2-B11-MYC 的互作。

（a）Pull-down 实验

体外 Pull-down 实验验证 AtPP2-B11 与 SnRK2.2、SnRK2.3 和 SnRK2.6 的互作。

（b）Co-IP 实验

图 3.6 Pull-down 及 Co-IP 实验验证 AtPP2-B11 与 SnRK2.2、SnRK2.3 和 SnRK2.6 间直接相互作用

第三节 AtPP2-B11 定位于细胞核和细胞质内，并且与 ASK1 和 ASK2 间存在相互作用

已有文献报道 AtPP2-B11 定位于原生质体的细胞质内（Li 等，2014）。前面的 BiFC 实验结果发现 AtPP2-B11 与 SnRK2.2 和 SnRK2.3 的相互作用发生在细胞核和细胞质内。因此，A tPP2-B11 可能在植物细胞内广泛分布。这促使我们对 AtPP2-B11 蛋白结构特点及亚细胞定位了重新进行分析。AtPP2-B11 蛋白由 257 个氨基酸组成，分子量为 28.984 KD，在其 N 端含有一个 F-box 结构域、C 端含有 PP（phloem protein）结构域，如图 3.7 所示。尽管后者的功能还不清楚，但是 F-box 结构域主要参与蛋白-蛋白间互作，并使底物蛋白与 SKP1 和 SCF 复合体结合。由 TAIR（拟南芥信息资源网站）可知，蛋白亚细胞定位的生物信息学分析显示 AtPP2-B11 主要定位在细胞核中，但是我们在 AtPP2-B11 蛋白序列中没有发现典型的核定位序列，那么 AtPP2-B11 的核中定位很可能是因为该蛋白小于 30 KD，能够自由进出细胞核。为了进一步确认 AtPP2-B11 在拟南芥细胞中的亚细胞定位，在拟南芥的 cDNA 上克隆 AtPP2-B11 的 CDS 序列，以 *EcoR Ⅰ*和 *BamH Ⅰ*作为酶切位点将其构建到 pEZR（K）-LC 上，得到 *35S::AtPP2-B11:GFP* 载体，分别转化拟南芥细胞和瞬时转化烟草叶片细胞。如图 3.8 所示，无论是在烟草细胞中瞬时表达还是在转基因拟南芥细胞中稳定表达，细胞的细胞质和细胞核中均能清晰地检测到 AtPP2-B11-GFP 融合蛋白，从而证实 AtPP2-B11 是在拟南芥细胞中一个广泛分布的蛋白。

AtPP2-B11 编码一个 N 端含有 F-box 结构域，C 端含有 PP2 结构域的 257 个氨基酸的蛋白。

图 3.7　AtPP2-B11 蛋白结构分析

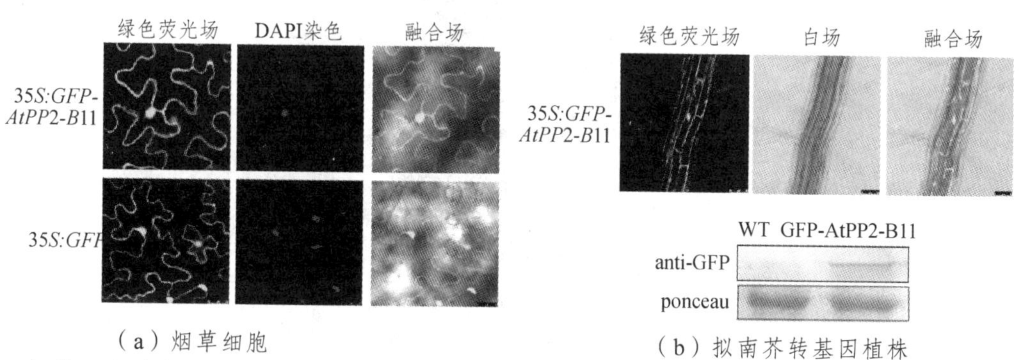

（a）烟草细胞　　（b）拟南芥转基因植株

烟草细胞（a）和拟南芥转基因植株（b）中观测 AtPP2-B11-GFP 和 GFP 的亚细胞定位。

图 3.8　AtPP2-B11 定位于细胞核和细胞质中

生物信息学分析表明 AtPP2-B11 和 ASK1 及 ASK2 间存在相互作用，而已有的酵母双杂研究结果表明 AtPP2-B11 选择性地与 ASK 蛋白互作（Risseeuw 等，2003）。为了证实 AtPP2-B11 确实是与 ASK1 和 ASK2 蛋白结合，我们采用酵母双杂和 BiFC 对蛋白-蛋白互作进行了检测。同样地，以拟南芥的 cDNA 作为模板，扩增 *ASK1* 和 *ASK2* 的 CDS 序列，通过 gateway 方法将其重组到目的载体 pGADT7、pGBKT7、pEarleyGate201-YN 和 pEarleyGate202-YC 上。在酵母双杂交体系中，AtPP2-B11 与 ASK1 和 ASK2 之间均存在很强的相互作用，如图 3.9（a）所示；在烟草叶片瞬时转化 BiFC 体系中，图 3.9（b）显示在细胞核和细胞质中检测到了 AtPP2-B11-ASK1/ASK2 间很强的互作，而图 3.10 显示阴性对照实验中没有观测到荧光信号。这些结果不仅进一步确认了 AtPP2-B11 定位于细胞质和细胞核中，还证明了 AtPP2-B11 确实是 SCF 型 E3 泛素连接酶复合体中的底物受体，参与介导了靶蛋白的降解。

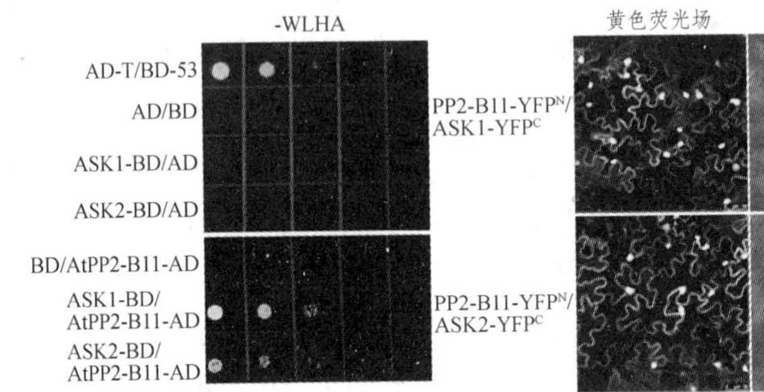

酵母双杂交系统中验证 AtPP2-B11 和 ASK1 或 ASK2 间相互作用。

（a）AtPP2-B11 和 ASK1/ASK2 互作验证

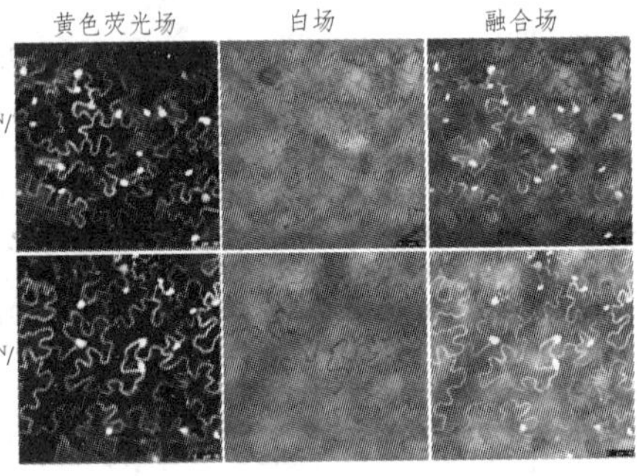

AtPP2-B11-YFP^{N} 和 ASK1-YFP^{C} 或 ASK2-YFP^{C} 在烟草细胞中使用双分子荧光互补试验进行互作验证。

（b）双分子荧光互补试验验证 AtPP2-B11 和 ASK1/ASK2 互作

图 3.9　AtPP2-B11 与 ASK1 和 ASK2 存在相互作用

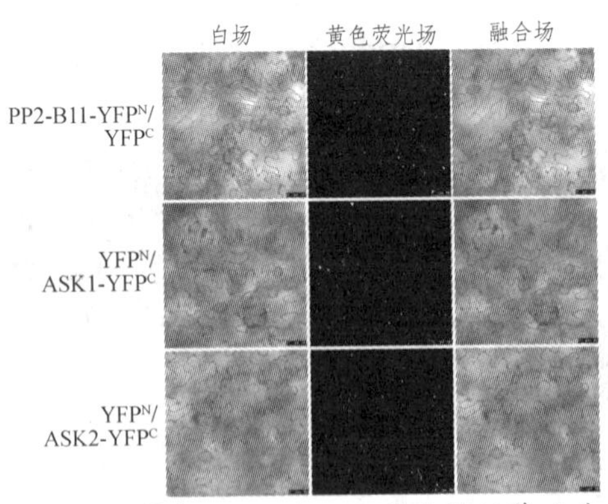

AtPP2-B11-YFP^{N} 与 YFP^{C} 以及 YFP^{N} 与 ASK1/2-YFP^{C} 共转烟草叶片。注射 2 天后使用荧光显微镜观测 YFP 信号。

图 3.10　AtPP2-B11 与 ASK1 和 ASK2 间相互作用阴性对照研究

第四节 AtPP2-B11 特异性影响 SnRK2.3 的蛋白稳定性

在上一节，我们已经证明 F-box 蛋白是 SCF 型 E3 泛素连接酶复合体的底物受体，能特异性地识别靶蛋白，使其泛素化并促进其降解。AtPP2-B11 作为 F-box 蛋白，不仅能与 ASK1、ASK2 结合，还与经由泛素化系统介导降解的 SnRK2.2 和 SnRK2.3 在植物细胞内存在相互作用，因此可以推测 AtPP2-B11 很可能作为 SCF 型 E3 连接酶复合体中的底物受体来参与 SnRK2.2 和 SnRK2.3 的蛋白稳定性的调控。为了探究 AtPP2-B11 是否能够介导 SnRK2s 的降解，我们首先创制了 *35S::AtPP2-B11-Myc* 过表达的转基因植株（*AtPP2-B11 OE*），同时还需要创建 *AtPP2-B11* 表达量下调的突变体。microRNA（miRNA）能够降解靶基因 mRNA 或抑制靶基因的翻译，从而调控基因的表达，因此 miRNA 能引起 RNA 干扰。人工 miRNA(amiRNA)利用的是 miRNA 抑制基因表达的原理。通过 WMD（web microRNA designer）网站设计 AtPP2-B11 的 amiRNA 引物，选用拟南芥 miR319 为骨架来重构 amiRNA 序列，并将其连入 pMDC32 双元表达载体中，转化拟南芥得到 *AtPP2-B11* 敲低转基因植株 *amiR 7* 和 *amiR 15*。由于 *AtPP2-B11* 在拟南芥中本底表达水平不高，而 *AtPP2-B11* 的表达受 ABA 的诱导，所以我们将野生型和 *AtPP2-B11* 敲低转基因植株 *amiR 7* 和 *amiR 15* 施加 ABA 瞬时处理 3 h 后检测 *AtPP2-B11* 的表达情况。由图 3.11(a)可以看出，在 *AtPP2-B11 OE* 转基因植株中，*AtPP2-B11* 的基因表达水平显著高于野生型 Col-0 中的，说明我们的材料确实为 *AtPP2-B11 OE* 过表达植株。由图 3.11（b）所示，在 MS 处理的条件下，Col-0、*amiR 7* 和 *amiR 15* 在 *AtPP2-B11* 的基因表达水平上没有明显差别；而当施加 ABA 后，Col-0 中 *AtPP2-B11* 显著受 ABA 诱导表达。*amiR 7* 和 *amiR 15* 转基因植株中，*AtPP2-B11* 的表达水平相对于 ABA 处理后的 Col-0 而言大约降低了 60%和 70%，说明 *amiR 7* 和 *amiR 15* 转基因植株确实是 *AtPP2-B11* 敲低突变体。

通过对纯合 *AtPP2-B11* 过表达和 *amiR* 转基因植株的表型分析，我们发现在正常生长条件下 *AtPP2-B11* 的过表达和下调表达对植物的生长发育没有显著的影响，如图 3.12 所示。这些 *AtPP2-B11* 过表达和 *amiR* 转基因株系将用于 SnRK2s 蛋白降解以及介导植物响应逆境和 ABA 的表型鉴定的研究上。

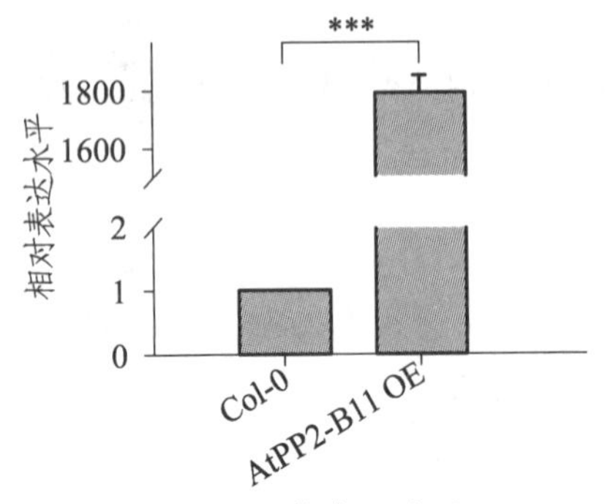

10 天大的幼苗施用或者不施用 50 μmol/L ABA 处理 3 小时，提取 RNA。

（a）*AtPP2-B11* 过表达植株的基因表达检测

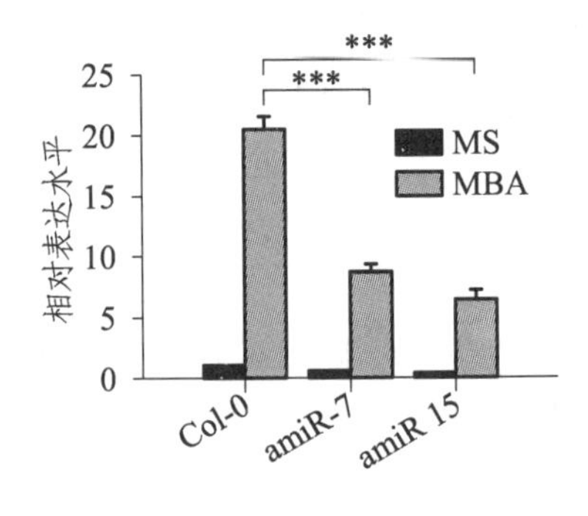

10 天大的 *AtPP2-B11* 敲低突变体幼苗施用或者不施用 50 μmol/L ABA 处理 3 小时，提取 RNA。

（b）*AtPP2-B11* 敲低突变体的基因表达水平检测

三次独立的试验有着相似的结果，每次试验都有三次重复。使用学生 t 检验（Student's t-test）进行数据统计分析，“***”表示极显著（$P < 0.001$）。

图 3.11　*AtPP2-B11* 突变体基因表达鉴定

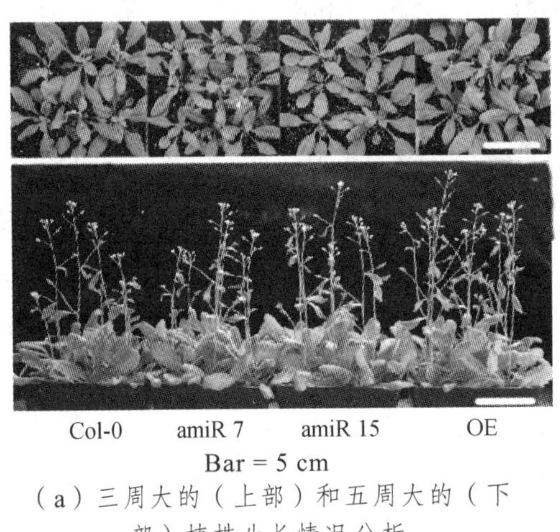

Bar = 5 cm

（a）三周大的（上部）和五周大的（下部）植株生长情况分析

Bar = 5 cm。

（b）两个月大的植株生长情况分析

图 3.12　*AtPP2-B11* 突变体在正常生长条件下与野生型表型比较分析

我们随后通过半体外蛋白降解实验来探究 AtPP2-B11 是否参与了 SnRK2s 的降解。由于 AtPP2-B11 与 SnRK2.3 存在很强的互作，所以我们以 SnRK2.3 为例来研究 AtPP2-B11 在 SnRK2s 蛋白降解中的功能。在正常条件下培养的野生型和 *AtPP2-B11 OE* 长至 10 天，取材并提取幼苗的总蛋白，与在 *E. Coli* 中表达纯化的 SnRK2.3-MBP 融合蛋白进行孵育，在孵育的 0 h、3 h、6 h 和 16 h 取样，然后进行 Western blot 检测。结果如图 3.13 所示：与野生型蛋白提取液进行孵育的 SnRK2.3-MBP 融合蛋白在孵育 3 h 后就呈现了明显的降解，之后保持相对稳定的水平；与之形成鲜明差异的是，*AtPP2-B11 OE* 植株蛋白粗提液孵育的 SnRK2.3-MBP 的降解速率显著加快，在孵育 16 h 的时候融合蛋白就几乎检测不到了。这些结果说明了 AtPP2-B11 过表达明显促进了 SnRK2.3 蛋白的降解。

为了进一步验证 AtPP2-B11 在 SnRK2.3 蛋白降解中的重要作用，我们还检测了 SnRK2.3-MBP 在 *amiR15* 突变体背景下的降解情况。由于在正常条件下 *AtPP2-B11* 表达水平很低，但受 ABA 明显诱导，所以施加 ABA 处理后，在野生型植株中 *AtPP2-B11* 的 mRNA 受诱导大量表达，而在 *amiR15* 突变体中，成熟的 miRNA 能够使 *AtPP2-B11* 的 mRNA 被切割掉从而导致表达量下调。为了使野生型和 *amiR15* 突变体之间 *AtPP2-B11* 的表达水平有更加显著的差别，我们将野生型和 *amiR15* 突变体施加 ABA 处理后进行半体外蛋白降解实验。我们对正常培养 10 天的野生型和 *amiR15* 突变体进行 ABA 处理，然后提取总蛋白，并且与 SnRK2.3-MBP 融合蛋白进行孵育，在孵育的 0 h、3 h、6 h 和 16 h 后，用 Western Blot 以 Anti-MBP 为抗体检测 SnRK2.3-MBP。如图 3.13（b）所示，Western 分析结果表明和 *amiR15* 突变体提取的总蛋白孵育后 SnRK2.3-MBP 的降解速率显著低于与野生型提取的总蛋白孵育后的 SnRK2.3-MBP，进一步说明 AtPP2-B11 能够促进 SnRK2.3 的体外降解。为了进一步证实在拟南芥体内 AtPP2-B11 能促进 SnRK2.3 的蛋白降解，我们通过杂交的方法分别创制了在野生型 WT 和 *35S::AtPP2-B11-Myc* 过表达（*AtPP2-B11 OE*）的背景下过表达 *35S::SnRK2.3-Flag* 的植株，如图 3.14 所示。萌发后 10 天的幼苗施加 CHX 处理以避免新合成蛋白对结果的影响，并在处理 0 h、3 h、6 h 和 16 h 后取样提取总蛋白进行 Western blot，用 anti-Myc 抗体检测 AtPP2-B11-Myc 融合蛋白表达水平，用 anti-Flag 抗体检测 SnRK2.3 的蛋白降解水平。我们可以清楚地看到在 *AtPP2-B11 OE* 的遗传背景下，SnRK2.3 的蛋白降解速率明显快于其在 WT 背景下的降解，如图 3.15 所示。这些结果充分证明 AtPP2-B11 能够在拟南芥植物体内促进 SnRK2.3 的降解。

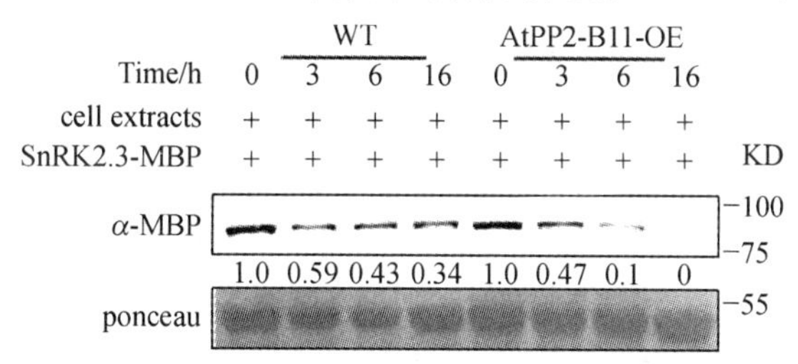

（a）*AtPP2-B11* 过表达下半体外蛋白降解实验比较 SnRK2.3-MBP 的降解情况。

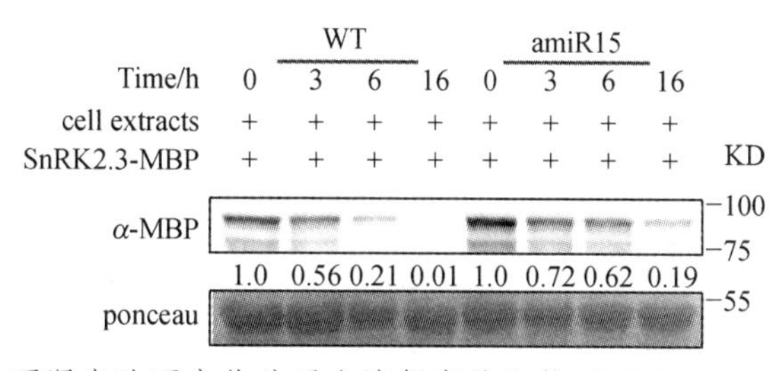

（b）*AtPP2-B11* 下调表达下半体外蛋白降解实验比较 SnRK2.3-MBP 的降解情况。

丽春红染色作为上样量对照，数值为相对于 0 h 时的蛋白相对值：使用 ImageJ 软件测得蛋白值，与自身的丽春红染色标定的上样量进行比值，得到的数值再以 0 h 的定量值作为 1 进行标定，最终得到相对定量数值。

图 3.13　AtPP2-B11 影响 SnRK2.3 的蛋白稳定性

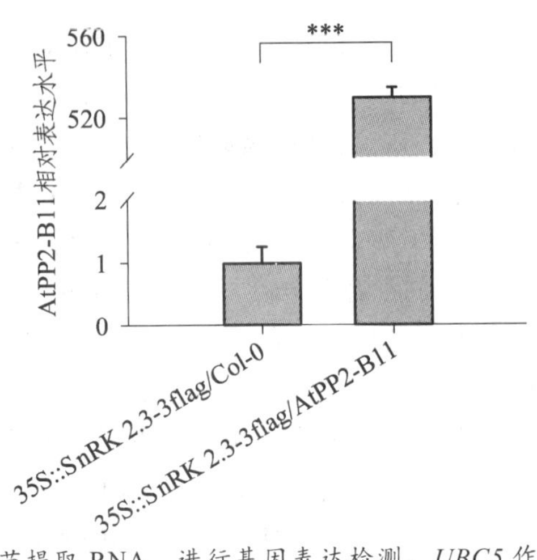

使用 10 天大的拟南芥幼苗提取 RNA，进行基因表达检测，*UBC5* 作为内参。使用学生 t 检验进行数据统计分析，“***”表示极显著（$P < 0.001$）。

图 3.14　在 35S::SnRK2.3-3flag/Col-0 和 35S::SnRK2.3-3flag/AtPP2-B11 转基因植株中 AtPP2-B11 基因表达检测

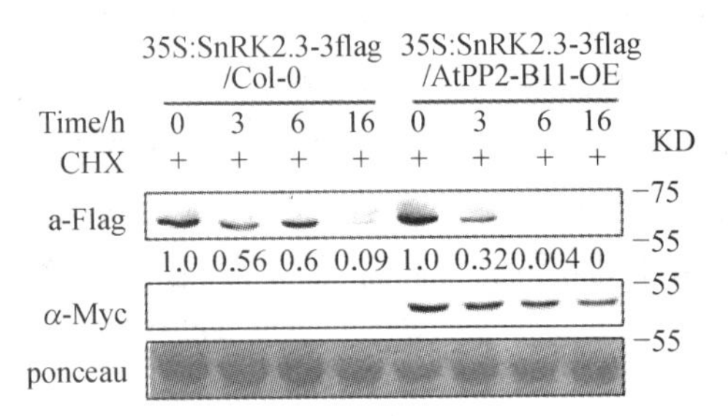

图 3.15　SnRK2.3 蛋白在 WT 及 *AtPP2-B11* 过表达植株中稳定性分析

为了进一步检测 AtPP2-B11 是否对 SnRK2.2 和 SnRK2.6 的蛋白稳定性也有影响，我们进行了 cell free 降解实验。体外纯化的 SnRK2.2-MBP、SnRK2.6-MBP 蛋白与野生型、*AtPP2-B11 OE* 植株、amiR 植株的蛋白粗提液进行孵育，然后用 Western blot 检测蛋白水平。结果如图 3.16 和 3.17 所示：和野生型相比，过表达和敲低 *AtPP2-B11* 对 SnRK2.2-MBP 和 SnRK2.6-MBP 蛋白的水平均无显著影响，说明 AtPP2-B11 并不参与 SnRK2.2 或者 SnRK2.6 的降解，而是特异性地促进 SnRK2.3 的蛋白降解。

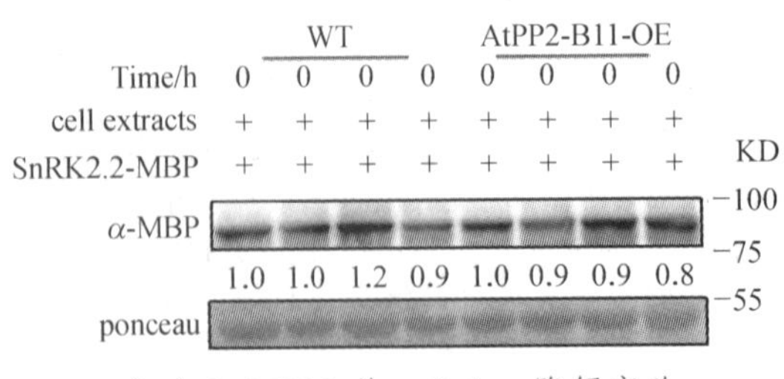

（a）SnRK2.2 的 cell free 降解实验

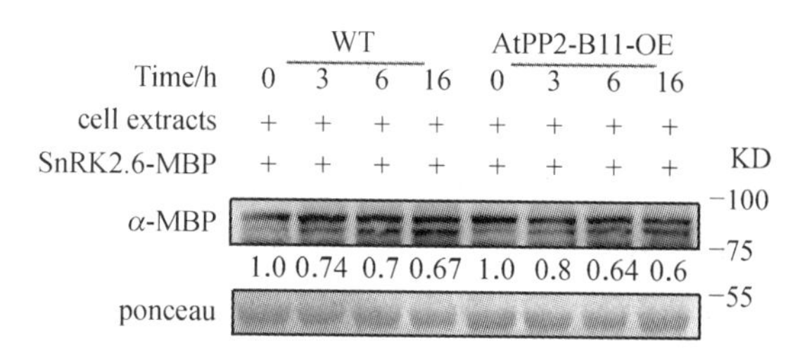

（b）SnRK2.6 的 cell free 降解实验

图 3.16　在 WT 和 *AtPP2-B11* 过表达植株中 SnRK2.2 和 SnRK2.6 的蛋白降解情况分析

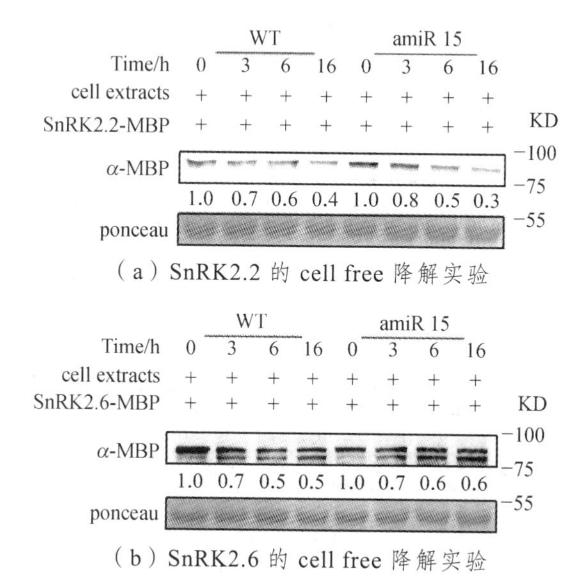

（a）SnRK2.2 的 cell free 降解实验

（b）SnRK2.6 的 cell free 降解实验

图 3.17　WT 和 *AtPP2-B11* 表达量下调突变体中 SnRK2.2 和 SnRK2.6 的蛋白降解分析

第五节　ABA 促进蛋白激酶 SnRK2.3 的降解

为了调查激素 ABA 是否影响 SnRK2.3 的降解，我们对 10 天的野生型拟南芥苗进行施加或者不施加 50 μmol/L ABA 的处理，5 h 后提取蛋白粗提液，200 μg 蛋白粗提液与体外纯化的 SnRK2.3-MBP（200 ng）进行孵育，进行半体外蛋白降解试验。由图 3.18（a）可知，没有 ABA 处理的 WT 蛋白粗提液与 SnRK2.3-MBP 体外孵育，在 6 h 时 SnRK2.3 的蛋白水平相对值降到 0.5，16 h 时降到 0.25；而 ABA 处理后的 WT 蛋白粗提液与 SnRK2.3-MBP 体外孵育后，在 6 h 时 SnRK2.3 的蛋白水平相对值降到 0.2，16 h 时降到 0.01，说明在半体外蛋白降解试验中，ABA 能促进 SnRK2.3 的降解。为了进一步在体内证明 ABA 对 SnRK2.3 的降解的影响，我们在 *35S::SnRK2.3-Flag* 稳定转基因植株中进一步检测 ABA 对于 SnRK2.3 降解的影响。10 天大的稳定转基因苗施加或者不施加 ABA 处理，在 0 h、3 h、6 h 和 16 h 后检测 SnRK2.3 的蛋白水平。由图 3.18 （b）可见，在没有 ABA 处理的情况下，*35S::SnRK2.3-Flag* 稳定转基因植株内 SnRK2.3 的蛋白相对水平在 3 h、6 h 和 16 h 时分别降到 0.6、0.4 和 0.01；而在 ABA 处理的情况下，SnRK2.3 的蛋白相对水平分别降到 0.3、0.2 和 0，说明在体内 ABA 也促进 SnRK2.3 的蛋白降解。

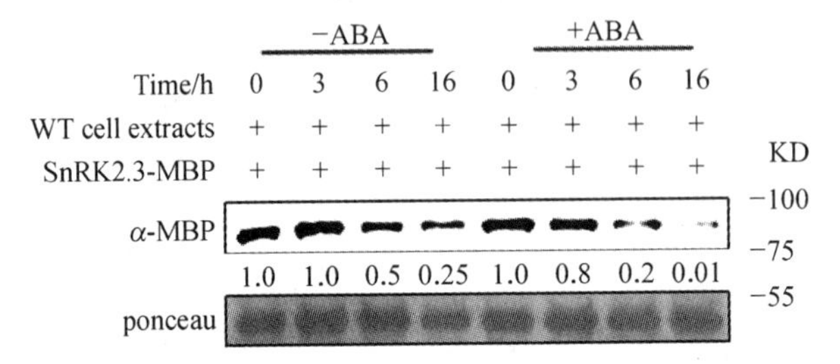

（a）半体外蛋白降解实验比较 ABA 对于 SnRK2.3-MBP 蛋白降解的影响

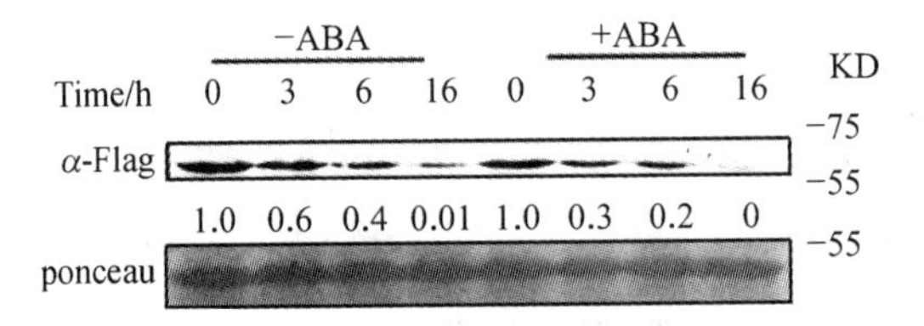

（b）体内降解实验比较 ABA 对 SnRK2.3 的蛋白水平影响

丽春红染色作为上样量对照，数值为相对于 0 h 时的蛋白相对值：使用 ImageJ 软件测得蛋白值，与自身的丽春红染色标定的上样量进行比值，得到的数值再以 0 h 的定量值作为 1 进行标定，最终得到相对定量数值。

图 3.18　ABA 促进 SnRK2.3 的蛋白降解

第六节　*AtPP2-B11* 的表达受 ABA 诱导并且在多个组织或器官中表达

SnRK2.3 是 ABA 信号通路中非常重要的正调控因子，现在我们的结果证明 AtPP2-B11 能特异性促进 SnRK2.3 蛋白降解，说明 AtPP2-B11 在 ABA 信号通路中是一个关键的负向调控因子。为了进一步探索 AtPP2-B11 在介导植物对 ABA 响应过程中的功能，我们开展了一系列的研究。首先，我们通过生物信息学分析了 *AtPP2-B11* 对 ABA 的响应。来自于 TAIR 网站上的芯片数据表明，在拟南芥幼苗受到 ABA 处理后，*AtPP2-*

B11 的表达可以快速的被 ABA 诱导表达，在处理后 1 小时 *AtPP2-B11* 的表达水平明显比对照要高，在处理 3 小时其表达达到最高，如图 3.19 所示。

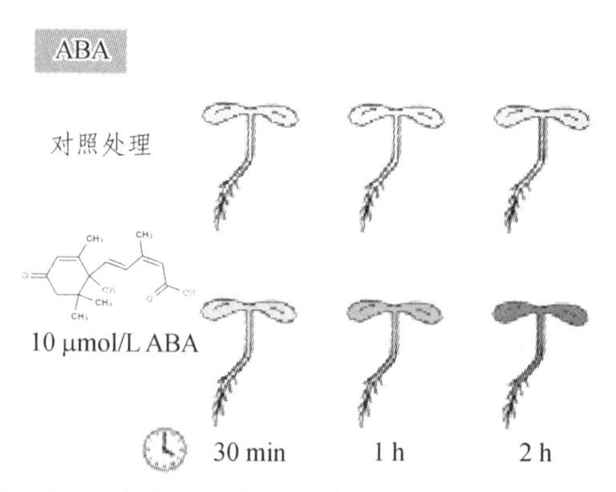

AtPP2-B11 响应 ABA 的基因表达模式分析，数据来自于 microarray data of public available source （TAIR）网站。

图 3.19　ABA 处理条件下 *AtPP2-B11* 表达模式分析

为了验证这个结果，我们将 MS 上正常生长 7 天的幼苗用 ABA 处理不同的时间，然后取样提取 RNA 进行 qRT-PCR 分析 *AtPP2-B11* 的表达。结果如图 3.20 所示：*AtPP2-B11* 的表达的确受 ABA 显著地诱导，在 ABA 处理后 1 h 表达升高两倍，在 3 h 其表达水平提高约 14 倍达到最高水平，与 TAIR 网站上的芯片数据一致。同时我们发现，随着 ABA 处理时间的延长，*AtPP2-B11* 的表达水平又呈下降的趋势，在 ABA 处理 24 h 后，*AtPP2-B11* 的表达回落至比对照稍高的水平。

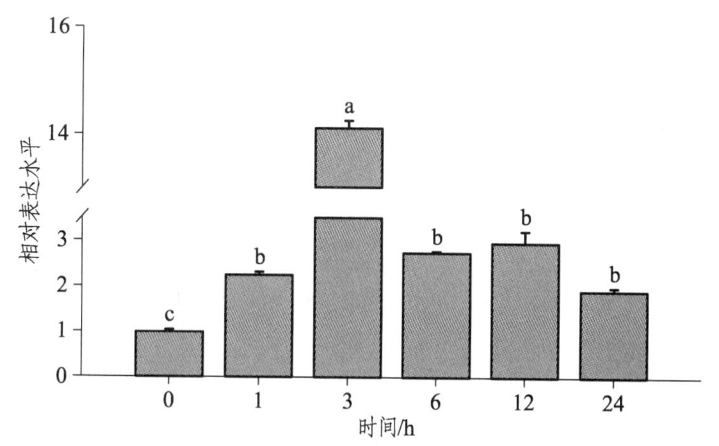

定量 PCR 检测 ABA 处理后 *AtPP2-B11* 基因表达。50 μmol/L ABA 处理的不同时间点的 7 天大的幼苗提取总 RNA，*ACTIN2* 作为内参。三次生物学重复结果相似。不同的字母代表显著性差异（$P < 0.05$）。

图 3.20　*AtPP2- B11* 的基因转录表达模式分析

启动子不仅控制一个基因的转录起始时间，还决定该基因表达的效率。为了进一步了解 *AtPP2-B11* 的转录特点，我们选取了 *AtPP2-B11* 起始密码子 ATG 上游 813 bp 的 DNA 序列作为启动子序列，对 *AtPP2-B11* 的启动子序列上的顺式作用元件进行了分析。启动子分析结果表明在 *AtPP2-B11* 的起始密码子 ATG 上游含有 ABRE（CACGTG）顺式作用元件，该顺式作用元件为 ABA 响应顺式作用元件，在 ABA 信号通路中发挥重要功能，同时还与图 3.19 和图 3.20 的结果相一致，*AtPP2-B11* 的表达确实受 ABA 的诱导；还含有在干旱响应过程中起重要作用的 MBS（TAACTG）顺式作用元件；同时还含有 LTR（CCGAAA）、TCA（CAGAAAAGGA）和 GARE（AAACAGA）等顺式作用元件，它们分别在低温、水杨酸和赤霉素信号通路中具有重要功能，如图 3.21 所示。这说明 *AtPP2-B11* 很可能不仅参与 ABA 信号通路调控植物逆境胁迫响应，还参与到其他生物和非生物逆境胁迫响应的过程中。

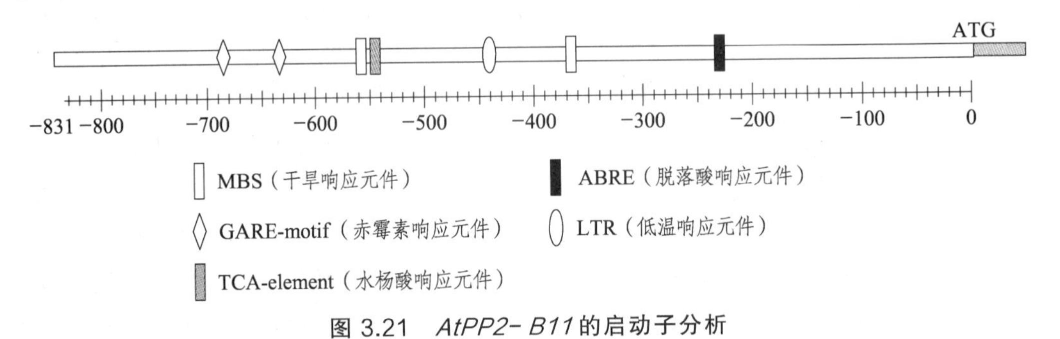

图 3.21　*AtPP2- B11* 的启动子分析

接下来我们以拟南芥基因组 DNA 为模板扩增 *AtPP2-B11* 启动子序列，以 *EcoR Ⅰ* 和 *BamH Ⅰ* 作为酶切位点将其构建到 pCAMBIA1391 上，得到 $Pro_{AtPP2\text{-}B11}$::*GUS* 载体，并创制了 $Pro_{AtPP2\text{-}B11}$::*GUS* 转基因植株，通过 GUS 染色分析了 *AtPP2-B11* 的时空表达模式及其在组织细胞水平对 ABA 的响应特点。在没有 ABA 时，*AtPP2-B11* 在吸胀的种子和萌发 1 天的种子中几乎检测不到表达 [见图 3.22（a）（c）]，3 天幼苗中的子叶和下胚轴有很高的表达，然而在根中没有表达 [见图 3.22（e）（f）]。当子叶完全张开时在地上表达量最高[见图 3.22（i）]。在莲座叶、茎和角果中表达量很低[见图 3.22（l）（n）（r）（d）]。而在 ABA 处理条件下，我们发现 *AtPP2-B11* 在吸胀的种子中仍旧没有表达，却特异性的在萌发 1 天的种子的胚根以及萌发 3 天的幼苗的根尖表达[见图 3.22（d）（g）（h）]，而且 *AtPP2-B11* 的表达在莲座叶和花序中都受 ABA 明显诱导[见图 3.22（m）（q）]。上述结果表明在植物发育过程中，*AtPP2-B11* 的表达具有明显的组织或器官特异性，而且该基因响应 ABA。值得一提的是，*AtPP2-B11* 表达模式与 *SnRK2.3* 表达模式非常相似，即在茎、根、花、角果和根尖中均受 ABA 的诱导表达（Fujii 和 Zhu，2009），暗示这两个基因参与共同的生物学过程。

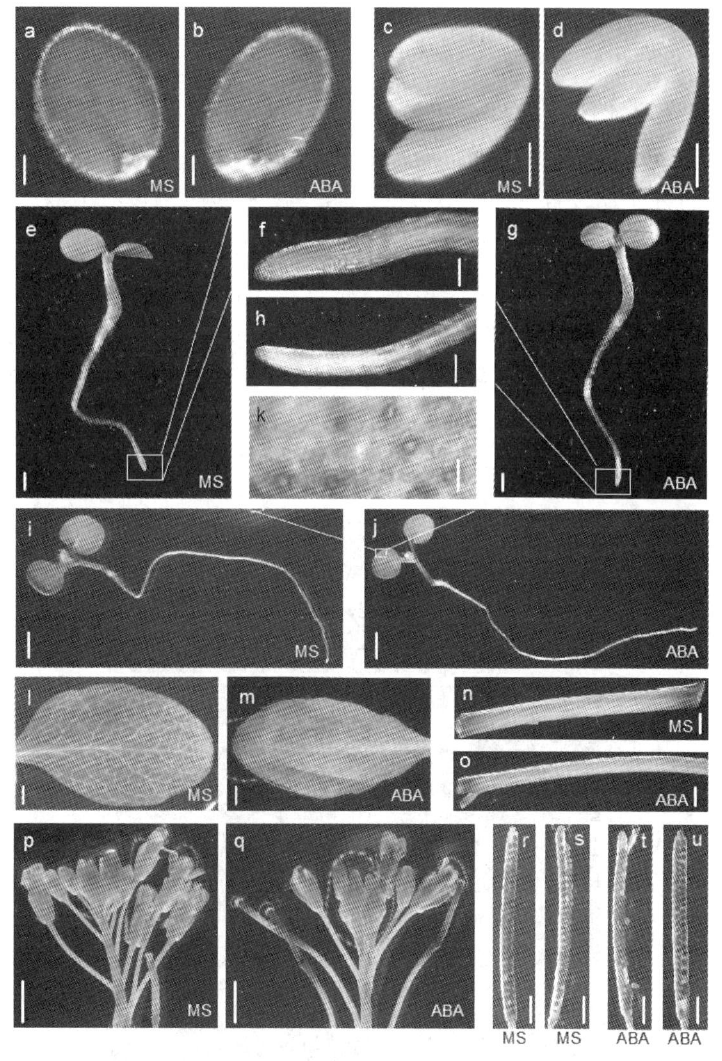

不同生长发育时期的 $Pro_{AtPP2\text{-}B11}$::*GUS* 稳定转基因植株及 50 μmol/L ABA 处理 3 h 后 GUS 染色分析。

图 3.22　*AtPP2-B11* 的组织化学表达模式分析

第七节　AtPP2-B11 是 ABA 信号通路中的负调因子

以往的研究表明 AtPP2-B11 参与植物对干旱和盐碱的响应（Li 等，2014；Jia 等，2015）。既然 *AtPP2-B11* 是一个 ABA 响应基因又能特异降解 SnRK2.3，我们推测它一定介导植物对 ABA 的响应，而且很可能是通过 ABA 信号通路来调控植物对非生物逆境的响应。由于当时没有查到相关突变体，为了证明这一推测，我们采用 amiRNA 技术创制了 *AtPP2-B11* 的敲低突变体并对 *AtPP2-B11* 基因的表达显著下调的两个株系 *amiR7* 和 *amiR15* 进行了表型分析，如图 3.11 所示。在没有 ABA 处理下，*amiR7* 和 *amiR15* 突变体的种子萌发和子叶转绿率基本正常，和野生型没有显著差异，如图 3.23（a）所示。与之形成显著差异的是，在 ABA 处理的条件下，无论在萌发还是转绿期 *amiR7* 和 *amiR15* 株系对 ABA 的敏感性均大幅度地增加。例如，在 0.5 μmol/L ABA 下，野生型在 4 天的萌发率能达到 100%，但是 *amiR7* 和 *amiR15* 突变体的萌发率分别只能达到 73%和 18.3%，野生型的转绿率能达到 92.5%，而 *amiR7* 和 *amiR15* 突变体的萌发幼苗的转绿率只能达到 15.8%和 16.7%，如图 3.23（b）和（c）所示。由此可见，AtPP2-B11 对植物发育早期正常响应 ABA 是必需的。

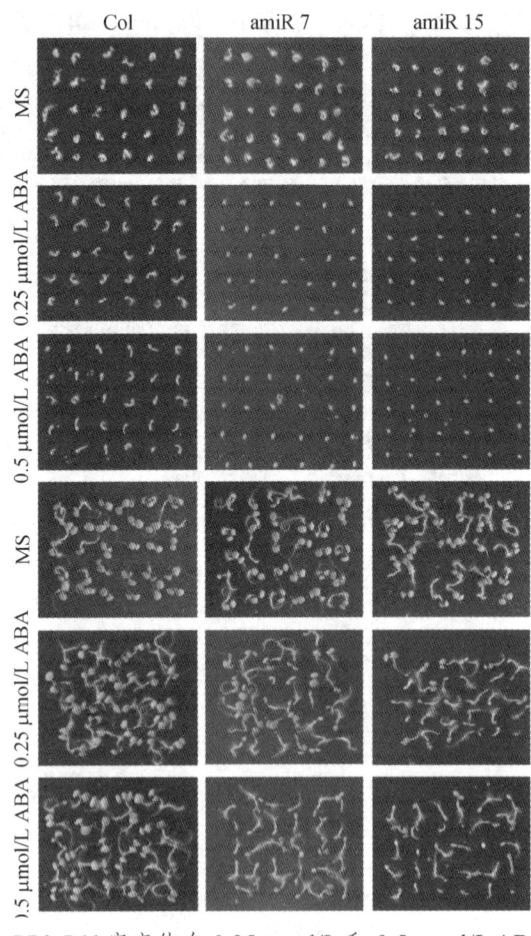

（a）野生型 WT 和 *AtPP2-B11* 突变体在 0.25 μmol/L 和 0.5 μmol/L ABA 上表型分析。图片分别在 4 天和 8 天采集。

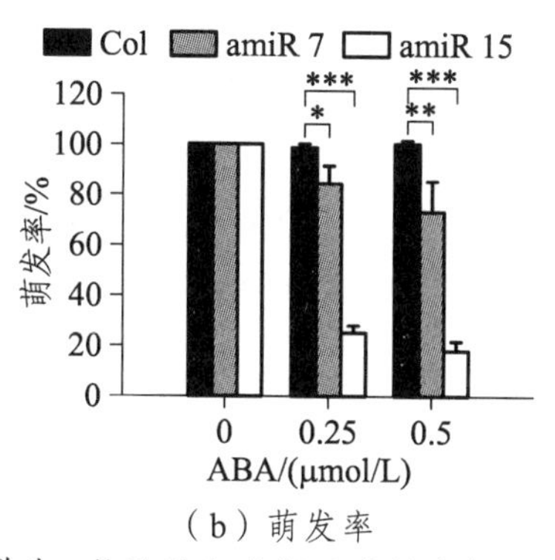

(b) 萌发率

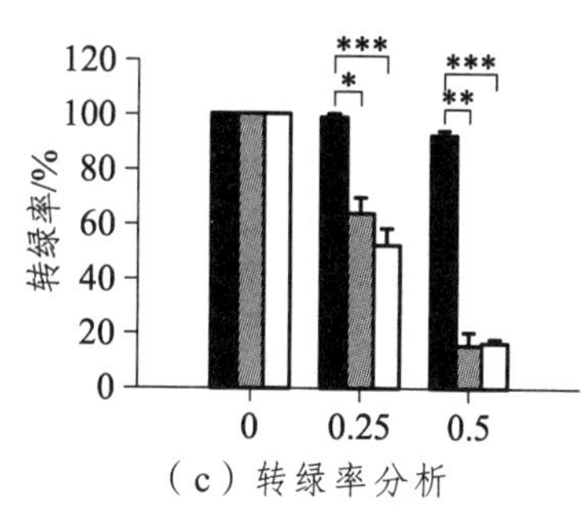

(c) 转绿率分析

使用学生 t 检验进行数据显著性分析，“***”表示 $P< 0.001$，“**”表示 $P < 0.01$，“*”表示 $P < 0.05$。

图 3.23　AtPP2-B11 是 ABA 信号通路中的负调因子

此外，为了进一步确定 *AtPP2-B11* 表达水平在植物发育和植物响应 ABA 中的作用，我们还对 *AtPP2-B11* 过表达的 *AtPP2-B11-OE* 植株在植物发育早期对 ABA 的敏感性进行了分析。根据上述的结果，我们也选取 0.5 μmol/L ABA 对 *AtPP2-B11-OE* 和野生型进行了处理。如图 3.24 所示，*AtPP2-B11* 过表达植株不论是在种子萌发阶段，还是在子叶转绿阶段，对 ABA 的敏感性和野生型相比，都没有显著性的差异。这个结果与 *snrk2.3* 的突变体在 ABA 上的没有明显萌发和转绿的表型是一致的（Fujii 和 Zhu，2009）。由于 AtPP2-B11 特异性的促进 SnRK2.3 的降解，而非 SnRK2.2 和 SnRK2.6，而这三个蛋白激酶在植物对于 ABA 的响应以及多数生长发育过程上都表现出冗余的特性，因此 *AtPP2-B11* 过表达植株对 ABA 响应没有变化有可能是由于 SnRK2.2 和 SnRK2.6 发挥作用。

第八节　过表达 *AtPP2-B11* 抑制 *SnRK2.3* 的过表达对 ABA 敏感的表型

由于 *AtPP2-B11* 表达量下调植株展现出对 ABA 敏感的表型，并且 *AtPP2-B11* 的敲低会引起 SnRK2.3 的蛋白积累[见图 3.13（b）]，所以我们预测 *SnRK2.3* 的过表达植株也会表现出对 ABA 敏感的表型。*AtPP2-B11* 的过表达植株中 SnRK2.3 的蛋白水平会显著下降[见图 3.13(a)和图 3.15]，但是由于蛋白激酶 SnRK2.2、SnRK2.3 以及 SnRK2.6 间存在功能冗余，*AtPP2-B11* 的过表达植株在 ABA 上没有明显的表型，而 *AtPP2-B11* 的过表达植株与 *SnRK2.3* 的过表达植株杂交后，可能会表现出恢

复 *SnRK2.3* 的过表达植株对 ABA 敏感的表型。为了验证这一猜想，在 *AtPP2-B11-OE* 以及 *SnRK2.3-OE-1* 和 *SnRK2.3-OE-8* 的基础上，我们创制了 *AtPP2-B11-OE SnRK2.3-OE-1* 以及 *AtPP2-B11-OE SnRK2.3-OE-8* 双过表达稳定转基因植株，并且分析了这些不同类型的过表达植株在 ABA 上的表型。我们发现 *AtPP2-B11-OE* 植株和 Col-0 在 ABA 上不论在萌发还是转绿阶段对 ABA 的敏感性没有显著差异，这正与我们的猜测一致[见图 3.24（a）（b）]。*SnRK2.3-OE-1* 和 *SnRK2.3-OE-8* 在萌发和转绿期都表现出了对 ABA 敏感的表型，与 *AtPP2-B11* 的敲低突变体表现出一致的表型(见图 3.23),并且由于 *SnRK2.3-OE-1* 和 *SnRK2.3-OE-8* 植株中 SnRK2.3 的蛋白过表达水平不同，它们在对 ABA 的敏感性上表现出剂量效应（见图 3.2）。*SnRK2.3-OE-1* 中 SnRK2.3 的蛋白过表达水平更高，所以 *SnRK2.3-OE-1* 对 ABA 更加敏感（见图 3.24）。相比于 *SnRK2.3-OE-1* 以及 *SnRK2.3-OE-8* 而言，*AtPP2-B11-OE SnRK2.3-OE-1* 以及 *AtPP2-B11-OE SnRK2.3-OE-8* 双过表达稳定转基因植株在 ABA 上的敏感性在萌发期和转绿期都表现出一定程度上恢复[见图 3.24（b）~(e)]。由于 *SnRK2.3-OE* 植株中 SnRK2.3 的蛋白过表达水平不同,双过表达突变体对 ABA 敏感性恢复的程度不同。*SnRK2.3-OE-8* 与 *SnRK2.3-OE-1* 相比，SnRK2.3 的蛋白过表达水平较低，所以在同等 *AtPP2-B11* 的过表达情况下，双过表达植株 *AtPP2-B11-OE SnRK2.3-OE-8* 对 ABA 敏感性的恢复程度更高（见图 3.24）。这些结果证明了 AtPP2-B11 通过维持 SnRK2.3 蛋白在一个较低的表达水平来调控 ABA 抑制的种子萌发和幼苗的形态建成。

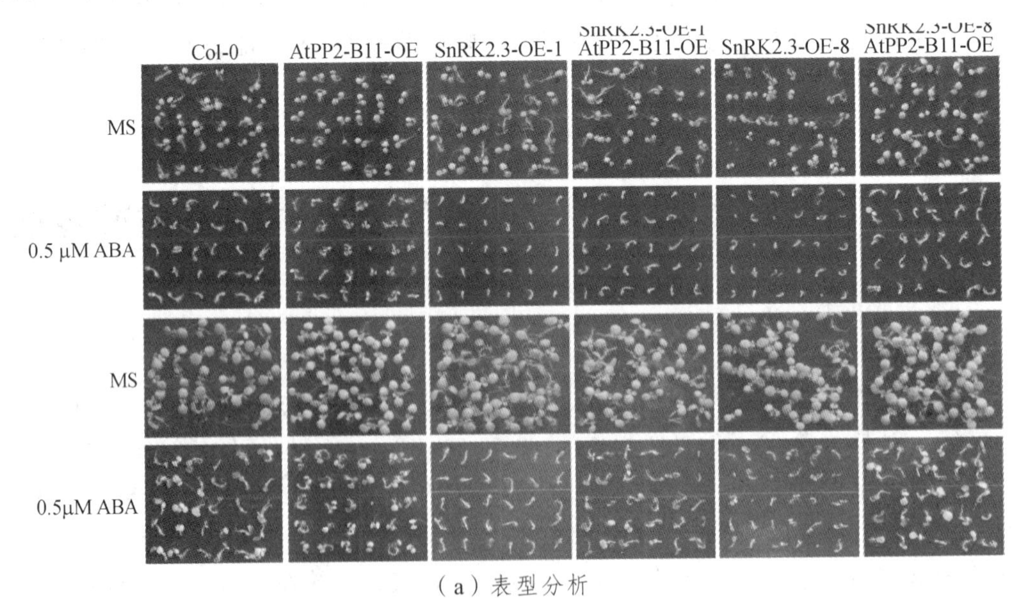

（a）表型分析

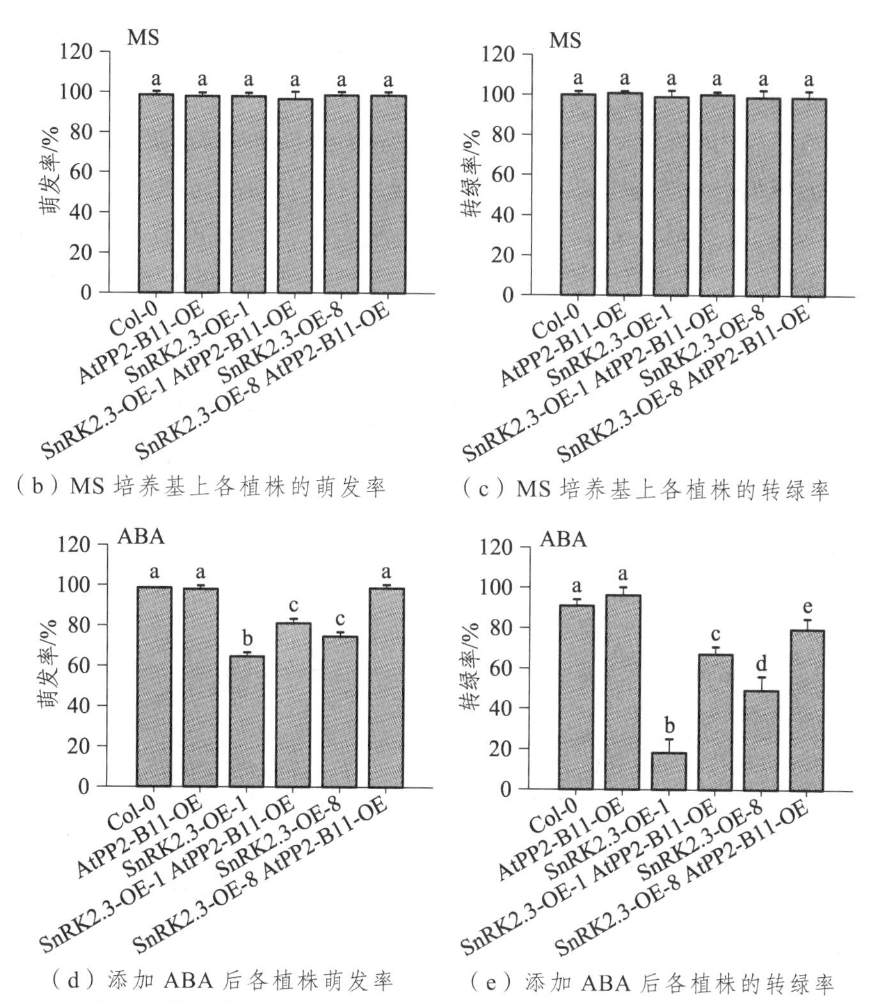

（b）MS 培养基上各植株的萌发率　（c）MS 培养基上各植株的转绿率

（d）添加 ABA 后各植株萌发率　（e）添加 ABA 后各植株的转绿率

5 天和 10 天后分别采集图像，三次生物学重复统计萌发率和转绿率。不同的字母（a、b、c）代表不同处理间具有显著性差异（$P < 0.05$）。

图 3.24 *AtPP2-B11-OE SnRK2.3-OE* 双过表达植株在 ABA 上萌发和转绿阶段表型分析

第九节 *atpp2-b11* 突变体的获得、鉴定及表型分析

我们随后在欧洲的 NASC 中心（Nottingham Arabidopsis Stock Centre）发现了相关的突变体，因此订购了 *AtPP2-B11* 的 T-DNA 插入突变体 GK-162G12，并将其命名为 *atpp2-b11*。通过对其进行纯杂合鉴定，得到纯合突变体，并对其全长转录本进行了分析。由图 3.25 可知，*AtPP2-B11* 含有三个外显子，两个内含子，*atpp2-b11* 突变体中 T-

DNA 插在第一个外显子上，为了鉴定这个突变体的纯杂合，我们合成了 T-DNA 插入片段上的鉴定引物 o8409，并且在 T-DNA Primer Design 网站上查询到了 GK-162G12 的纯杂合鉴定引物 LP 和 RP（分别位于 *AtPP2-B11* 的启动子区和第三个外显子上）。对于 DNA 基因组水平进行检测，野生型 Col-0 材料的 DNA 用 RP+o8409 扩增没有条带，而用 LP+RP 扩增有条带；而 *atpp2-b11* 纯合突变体 DNA 用 RP+o8409 扩增有条带，而用 LP+RP 扩增没有条带[见图 3.25（a）和（b）]。与此同时，我们也对纯合突变体 *atpp2-b11* 中 *AtPP2-B11* 基因的表达水平进行了检测，MS 上生长 7 天的 Col-0 和 *atpp2-b11* 突变体幼苗，提取 RNA 进行 RT-PCR 检测 *AtPP2-B11* 的全长转录本。RT-PCR 结果显示，*atpp2-b11* 纯合突变体中没有全长 *AtPP2-B11* 转录本，而野生型 Col-0 中可以检测出全长转录本[见图 3.25（c）]，说明此突变体为 *AtPP2-B11* 基因敲除突变体。因此，*atpp2-b11* 突变体也被用于后续进一步验证 AtPP2-B11 在 ABA 信号通路中的生物学功能研究。

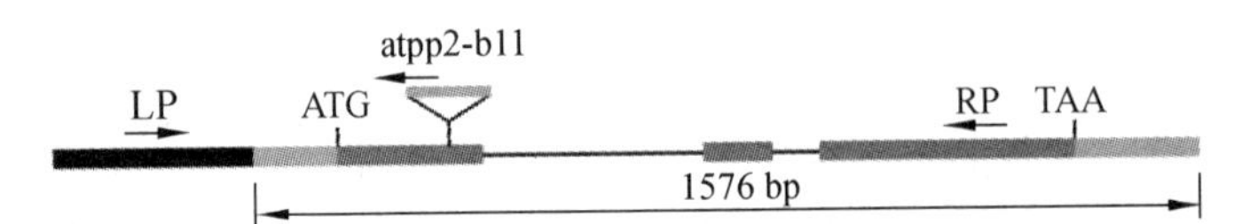

外显子为蓝色长方形，内含子为黑色线条，绿色长方形表示 5′和 3′ UTR，黑色长方形表示启动子区，黑色三角形表示 T-DNA 插入位点，箭头表示引物位置。

（a）*AtPP2-B11* 的基因结构和 T-DNA 插入位点分析

（b）突变体 *atpp2-b11* 纯杂合 DNA 的鉴定　　（c）RT-PCR 鉴定突变体 *atpp2-b11* 的全长转录本

图 3.25　*atpp2-b11* 突变体的获得、鉴定及表达分析

我们随后使用 *atpp2-b11* 功能缺失突变体对其在 ABA 上的表型进行了鉴定。从图 3.26 中可以看出，在 MS 培养基上，突变体和野生型在萌发和转绿过程中均无显著差异，但在 0.5 μmol/L ABA 上，不论是在萌发期还是在转绿期，*atpp2-b11* 突变体对 ABA 敏感性均比野生型要高，这与结果 4.7 中的结论一致[见图 3.23（a）（b）]。在 0.5 μmol/L ABA 上，萌发 2 天后，*atpp2-b11* 突变体的萌发率为 46.6%，而 Col-0 种子中有 98.3% 已经萌发，而在萌发 3 天后，Col-0 和突变体的萌发率都达到了 100%；生长 4 天后，Col-0 的转绿率达到了 83.3%，然而 *atpp2-b11* 突变体中却只有 55%的子叶转绿，生长 5.5 天后，Col-0 和突变体植株的子叶全部转绿（见图 3.26）。这个结果证实了 AtPP2-B11 作为 ABA 信号通路中的负调控因子行使其生物学功能。

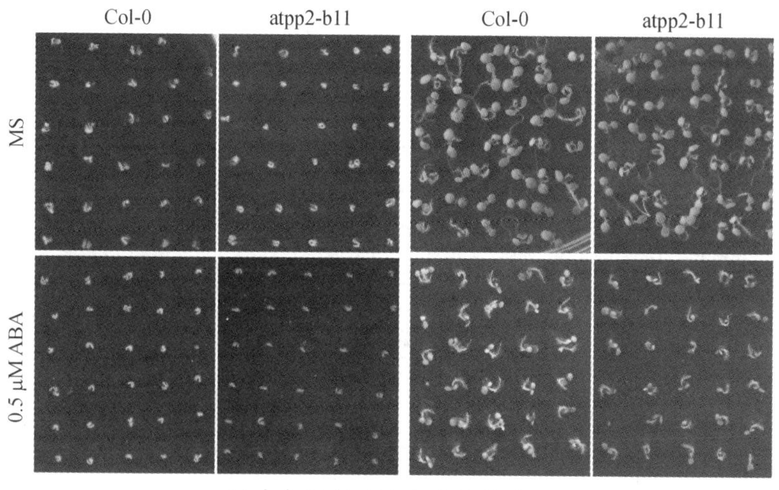

图片分别在 4 天和 8 天采集。

（a）野生型 Col-0 和 *atpp2-b11* 突变体在 0.5 μmol/L ABA 上表型分析。

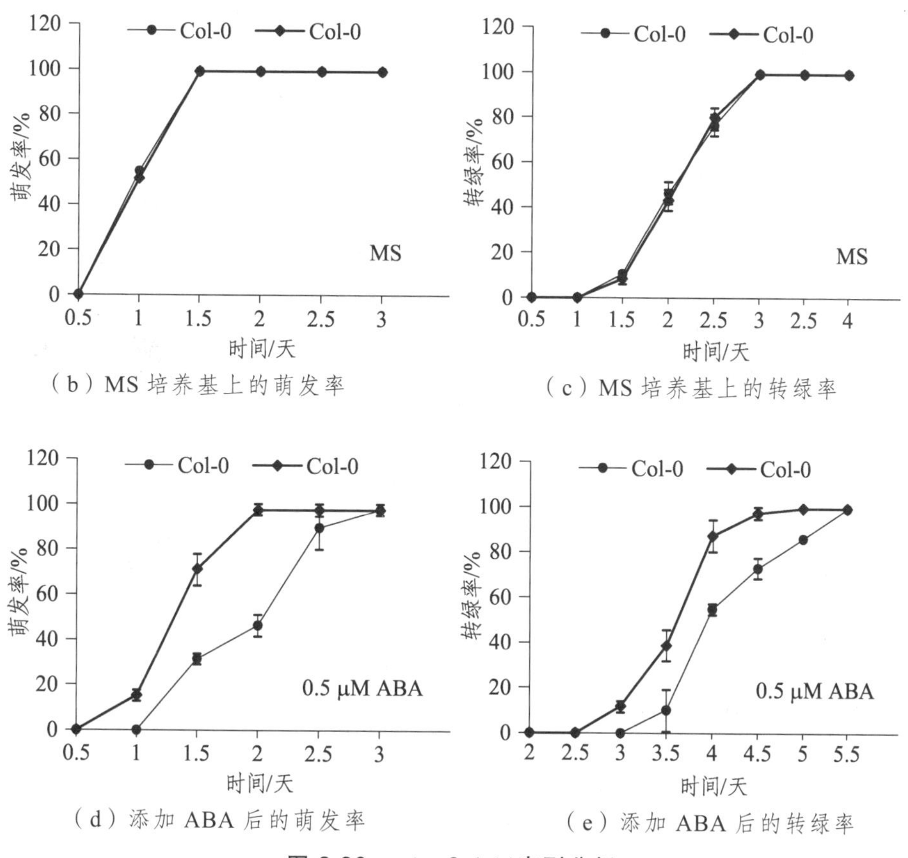

（b）MS 培养基上的萌发率

（c）MS 培养基上的转绿率

（d）添加 ABA 后的萌发率

（e）添加 ABA 后的转绿率

图 3.26　*atpp2-b11* 表型分析

第十节 *AtPP2-B11* 影响 ABA 响应基因的表达

SnRK2.3 是 ABA 信号通路中的正调因子，通过磷酸化修饰下游的蛋白底物（如 ABI5 等转录因子）激活 ABA 信号转导途径，而 AtPP2-B11 能促进 SnRK2.3 的降解，因此我们预测 AtPP2-B11 负调控 SnRK2.3 下游 ABA 响应基因的表达来影响 ABA 信号传导及植物对 ABA 的响应。为了证明我们的假设，我们分析了 *AtPP2-B11* 对 *ABI3*、*ABI4*、*ABI5*、*RAB18*、*RD29A* 和 *RD29B* 基因表达的影响。我们将野生型和 *AtPP2-B11* 表达下调突变体 *amiR15* 播种在 MS 及含有 0.5 μmol/L ABA 的 MS 培养基上生长 10 天后取样，进行 RNA 提取和基因表达分析。qPCR 分析结果显示，在野生型中，所有被检测的基因表达都受 ABA 的诱导，与之前报道的结果一致（Yamaguchi-Shinozaki 和 Shinozaki，1993；Lang 和 Palva，1992；Brocard 等，2002）。然而在 *AtPP2-B11* 表达下调突变体 *amiR15* 中 *ABI3*、*ABI4*、*ABI5*、*RAB18*、*RD29A* 和 *RD29B* 的基因表达同样都受 ABA 诱导，但是相对于野生型而言，这些基因受 ABA 诱导上调表达的水平大幅度提升，如图 3.27 所示。这些结果证实了 AtPP2-B11 是 ABA 信号通路中的负调因子。

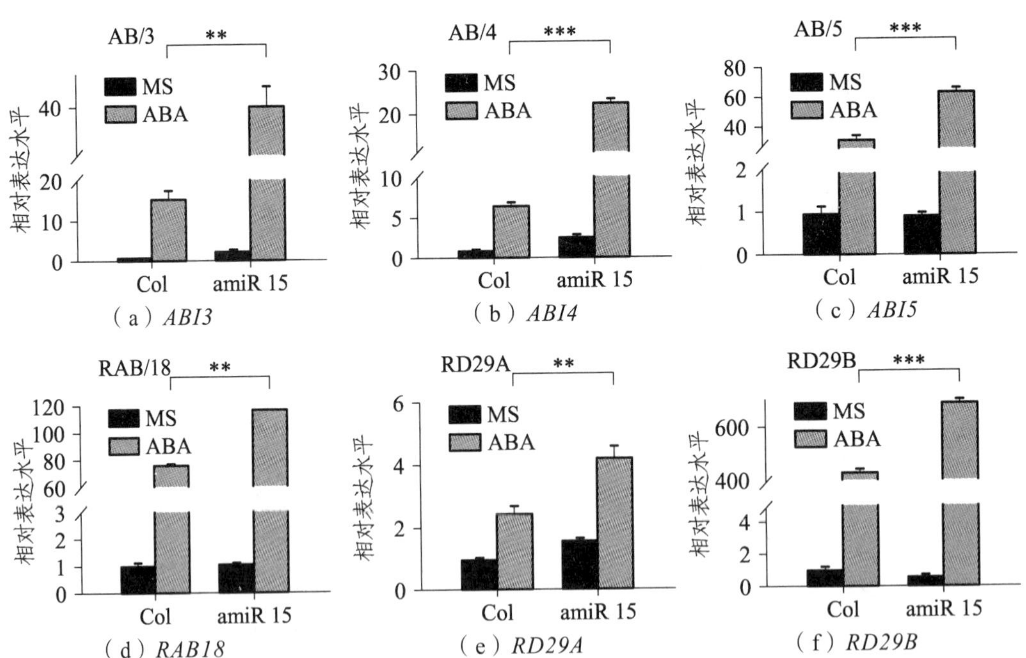

（a）*ABI3*　（b）*ABI4*　（c）*ABI5*

（d）*RAB18*　（e）*RD29A*　（f）*RD29B*

生长在含有或不含有 0.5 μmol/L ABA 的 MS 培养基上的 10 天大的苗子进行检测。三次生物学重复结果相似，每次三个重复。*UBC5* 作为内参。t 检测分析数据间的显著性差异，“***”表示 $P < 0.001$，“**”表示 $P < 0.01$。

图 3.27　在 Col-0 和 *amiR15* 中 ABA 响应基因的表达水平分析

第十一节 *atpp2-b11* 中 SnRK2.3 蛋白降解速率初步分析

我们利用 *AtPP2-B11* 的 amiRNA 敲低植株发现了 AtPP2-B11 能够促进蛋白激酶 SnRK2.3 的降解。为了进一步确认 AtPP2-B11 在 SnRK2.3 蛋白降解中的作用，我们用 *AtPP2-B11* 功能缺失突变体 *atpp2-b11* 进行了蛋白降解的体外实验。在 MS 培养基上萌发后 10 天大的野生型 WT 和 *atpp2-b11* 突变体幼苗转移到含有 ABA 的培养基上处理 5 h 后取材提取蛋白粗提液，与体外纯化的 SnRK2.3-MBP 蛋白进行孵育，并在孵育的 0 h、 3 h、 6 h 和 16 h 后用 Western blotting 检测 SnRK2.3 蛋白降解情况。如图 3.28 所示，在与 ABA 处理的 *atpp2-b11* 蛋白粗提液孵育后，SnRK2.3 的蛋白降解速率降低。在与 ABA 处理的 *atpp2-b11* 蛋白粗提液孵育后 3 h 和 6 h，SnRK2.3 的蛋白相对水平（相对于 0 h 时的蛋白相对值）分别达到 0.86 和 0.6，而与 ABA 处理的 WT 蛋白粗提液进行孵育后的相应时间点，SnRK2.3 的蛋白相对水平却只有 0.8 和 0.31。很显然在 *atpp2-b11* 中，SnRK2.3 的蛋白降解速率减慢，再次证明 AtPP2-B11 负向调控蛋白激酶 SnRK2.3 的稳定性，如图 3.28 所示。

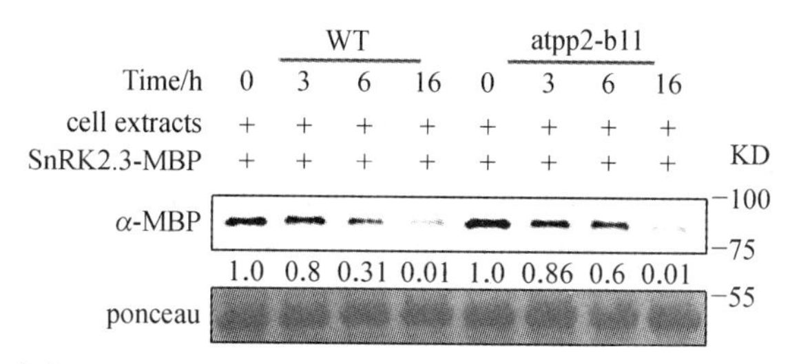

半体外蛋白降解实验分析 SnRK2.3-MBP 在野生型及 *atpp2-b11* 敲除突变体蛋白粗提液孵育时的降解。

图 3.28 野生型和 *atpp2-b11* 突变体中 SnRK2.3 的半体外蛋白降解实验

第四章

蛋白激酶 SnRK2s 蛋白水平的调控

ABA 是调节植物生长和响应环境胁迫的重要的植物激素。在过去的 20 多年中，由于发现了经典 ABA 信号通路的多个重要组分，包括 ABA 受体 PYR/PYL/RCAR、蛋白磷酸酶 PP2Cs、蛋白激酶 SnRK2s 以及下游的 bZIP 转录因子，使人们对 ABA 信号转导途径有了深入认识（Cutler 等，2010；Raghavendra 等，2010；Santiago 等，2012；Uno 等，2000；Ma 等，2009；Santiago 等，2009a；Gao 等，2016）。在没有 ABA 时，PP2C 蛋白结合并且抑制 SnRK2 的磷酸酶活性，ABA 信号通路因此处于关闭的状态；而在 ABA 存在时，ABA 能够和受体 PYR/PYL/RCAR 结合并且改变受体构象，PYR/PYL/RCAR 随后结合 PP2C，这样 SnRK2 被释放并磷酸化下游的效应蛋白包括转录因子和离子通道蛋白等,从而使 ABA 信号通路处于开启状态(Cutler 等，2010；Raghavendra 等，2010；Santiago 等，2012；Uno 等，2000；Ma 等，2009；Santiago 等，2009a；Gao 等，2016）。在这个过程中，SnRK2 是一个核心的调控因子,其蛋白的含量及磷酸化状态对 ABA 信号的开闭起着重要的作用。但是迄今为止，关于 SnRK2s 的调控机制却知之甚少。在本书中，通过遗传学、分子生物学和生理生化综合研究手段，我们发现蛋白激酶 SnRK2.2、SnRK 2.3 和 SnRK 2.6 能被泛素-蛋白酶体途径介导的蛋白降解系统降解；找到一个 F-box 蛋白 AtPP2-B11，能够特异性地与 SnRK2.3 直接互作并通过 SCF 型泛素 E3 连接酶复合体将其降解；进而确定了 AtPP2-B11 是 ABA 信号通路中的一个负向调控因子。我们的结果首次揭示了蛋白激酶 SnRK2s 蛋白水平的调控，为更深层次的研究 ABA 信号精确调控机制和植物胁迫响应奠定了基础。

第一节　SnRK2.2、SnRK2.3 和 SnRK2.6 能够被 26S 蛋白酶体降解

植物的生长发育和对逆境的响应都是通过复杂的调控网络精准调控而实现的。这些调控发生在多个层面，包括信号通路重要组分的转录、转录后、翻译和翻译后调控等。以往的研究主要集中在基因的转录水平调控，最近随着蛋白质相关研究方法的飞速发展，在蛋白水平的调控机制已经成为深入认识植物信号通路及各种生物学过程调控的热点。已有的研究发现重要信号组分的蛋白质水平和活性对信号通路的开关及信号波动的精准响应起着决定性作用。26S 蛋白酶体介导的蛋白降解在调节蛋白的稳态方面起着主导作用。ABA 信号通路中有多个组分能够被 26S 蛋白酶体降解，从而对 ABA 信号进行精细的调控。最早发现的能够被 26S 蛋白酶体降解的 ABA 通路中的蛋白是 ABI5，E3 连接酶 KEG 能够催化 ABI5 泛素化，随后将其降解（Liu 和 Stone，

2010）；除了 KEG 外，DWA1 和 DWA2 也能介导 ABI5 的降解（Lee 等，2010）。另一个重要转录因子 ABI3 也能够被 AIP2 泛素化修饰并降解（Zhang 等，2005）。随后发现，在 ABA 受体 PYR/PYL/RCAR 中，PYL4、PYL8、PYL9 和 RCAR3 也能够被泛素化修饰并被 26S 蛋白酶体降解（Irigoyen 等，2014；Bueso 等，2014；Li 等，2016）。最近发现 PP2C 蛋白 ABI1 能够被 U-box 蛋白 PUB12/13 泛素化修饰并且被 26S 蛋白酶体降解（Kong 等，2015）。这些 ABA 信号组分蛋白代谢异常或者蛋白降解系统功能异常均可导致 ABA 信号途径传导失常，使植物不能对 ABA 信号和逆境胁迫做出适当的响应。因此，ABA 关键组分蛋白水平精准调控在 ABA 信号传导中发挥着非常重要的作用。

众所周知，SnRK2.2、SnRK2.3 和 SnRK2.6 是 ABA 信号通路中核心调控组分，它们高度同源，而且功能冗余，在介导植物对种子休眠、萌发、萌发后生长和气孔关闭等 ABA 的经典响应过程中必不可少（Umezawa 等，2010；Leung 等，1994；Hrabak 等，2003；Hirayama 和 Shinozaki，2010；Nishimura 等，2007）。尽管现在已经对 SnRK2 的蛋白结构、磷酸化修饰及其对激酶活性的影响研究得较为清楚，但是对 SnRK2 蛋白的周转，尤其是降解调控还一无所知。在本论文中，我们明确了 SnRK2.2、SnRK2.3 和 SnRK2.6 均存在蛋白降解，并进一步证明了这三个蛋白的降解都是经由 26S 介导的蛋白酶体系统来完成的。我们提供的第一个证据来自体外蛋白降解实验：在半体外蛋白降解体系中用体外纯化的 SnRK2 蛋白和提取的野生型幼苗的总蛋白孵育，之后检测 SnRK2 蛋白，发现 SnRK2 在孵育的 16 h 内，大部分的蛋白都被降解；而在反应体系中加了 26S 蛋白酶体抑制剂 MG132 后，三个 SnRK2 蛋白的降解速率均明显减慢（见图 3.1）。证明 SnRK2 蛋白通过 26S 蛋白酶体系统降解的第二个证据来自后续对 SnRK2.3 蛋白体内降解的结果。在 SnRK2.3 的转基因植株中，SnRK2.3 的降解也能够被 MG132 抑制（见图 3.3）。最重要的证据是在 SCF 型 E3 泛素连接酶复合体组分功能缺失的情况下，SnRK2.3 降解不能正常进行，造成植物对 ABA 超敏表型，如图 3.23、图 3.26 所示。这三个重要证据足以证明在拟南芥中 SnRK2 蛋白的降解是由 26S 蛋白酶体系统来调控的，但是三个蛋白的降解可能有不同的蛋白降解系统或者不同的底物受体蛋白特异识别调控。

第二节 SnRK2.2、SnRK2.3 和 SnRK2.6 有不同的调控模式

以往的研究结果表明 *SnRK2.2*、*SnRK2.3* 和 *SnRK2.6* 具有不同的组织和细胞表达模式：*SnRK2.2* 和 *SnRK2.3* 在各个组织器官（除了气孔）有强烈表达，并且 *SnRK2.3*

在植物的根尖也有较强的表达；但是 *SnRK2.6* 特异在于气孔中具有强烈的表达（Fujii 和 Zhu，2009）。这说明 *SnRK2.2*、*SnRK2.3* 和 *SnRK2.6* 具有不同的转录调控机制。然而它们在 ABA 调控种子萌发、子叶转绿、幼苗生长、气孔关闭以及干旱胁迫等植物生长发育和胁迫应答过程上却功能冗余。作为 ABA 信号通路中的重要的正调控因子，它们通过磷酸化下游的转录因子、离子通道蛋白等来调控 ABA 信号通路（Leung 等，1997；Hirayama 和 Shinozaki，2010；Nakashima 等，2009）。结构分析表明 ABA 能够使 PP2C 蛋白磷酸酶释放对 SnRK2s 的抑制作用，使蛋白激酶 SnRK2s 能够自磷酸化而具有生物活性；然而，不同的激酶 SnRK2s 的自磷酸化效率是不一样的（Leung 等，1997；Hirayama 和 Shinozaki，2010；Nakashima 等，2009），这暗示了这些激酶在激活下游转录因子上的效率也是不同的。虽然 SnRK2s 在植物生长发育和胁迫应答等多方面存在功能冗余，但是他们在转录水平上的调控机制存在很大的差异，也存在组织和细胞表达的特异性，还在磷酸化水平上的调控机制有所差别。这说明了他们在调控植物生长发育、胁迫应答等多方面具有不同的调控机制（Leung 等，1997；Hirayama 和 Shinozaki，2010；Nakashima 等，2009）。虽然 *SnRK2.2*、*SnRK2.3* 和 *SnRK2.6* 在转录水平上以及蛋白水平上的调控已被发现是不同的，但是其详细的调控机制仍然未知。

我们也发现，SnRK2.2、SnRK2.3 和 SnRK2.6 之间虽然在蛋白水平上的同源性很高，但 F-box 蛋白 AtPP2-B11 却特异性地与 SnRK2.3 存在直接的相互作用。在酵母双杂交系统中，SnRK2s 的三个成员均与 AtPP2-B11 间存在相互作用，但在双分子荧光互补实验中没有检测到 SnRK2.6 与 AtPP2-B11 间的相互作用（见图 3.4）。为了进一步地检测这种相互作用的真实可靠性，我们分别创制了 *AtPP2-B11 SnRK2.2*、*AtPP2-B11 SnRK2.3* 以及 *AtPP2-B11 SnRK2.6* 的双过表达稳定转化植株进行 Co-IP 实验，验证在拟南芥体内这种相互作用是否也真实存在。结果显示只有 SnRK2.2 和 SnRK2.3 与 AtPP2-B11 间能检测到相互作用[图 3.6（a）]。那么这种互作是直接的结合吗？还是它们以复合体的形式存在？为了回答这一问题，我们进行了体外 Pull-down（拉下实验）实验来验证它们之间的直接相互作用，结果表明只有 SnRK2.3 与 AtPP2-B11 之间存在直接的相互作用[见图 3.6（b）]。但是 AtPP2-B11 与 SnRK2.3 而非 SnRK2.2、SnRK2.6 互作的特异性调控机制仍然未知。我们分析了 SnRK2.3、SnRK2.2 和 SnRK2.6 的氨基酸序列，发现它们之间存在一些氨基酸上的差异。这些有差异的氨基酸大致可归为三类：可磷酸化的氨基酸向非磷酸化形式的氨基酸转变；非磷酸化形式的氨基酸向可磷酸化的氨基酸转变；可磷酸化形式的氨基酸间的转变。这也给了我们启示：是否是由于这三个蛋白激酶间某些磷酸化位点上的差异导致了它们与 AtPP2-B11 结合的特异性？如果是这样，就能解释 SnRK2s 三个蛋白激酶在蛋白水平上，尤其是在蛋白降解层次上，受特异性调控的具体机制了。

第三节 AtPP2-B11 是 SCF 型蛋白降解复合体的底物蛋白受体，特异性地促进 SnRK2.3 的降解

蛋白降解复合体在植物蛋白的降解过程中发挥重要作用。该复合体中 F-box 蛋白作为底物受体蛋白，能够特异性地识别靶蛋白，从而将其多聚泛素化，进而被 26S 蛋白酶体所识别降解。拟南芥中含有 700 多个 F-box 蛋白，*COI1* 编码一个 F-box 蛋白，是茉莉酸的受体，能够形成 SCF^{COI1} 复合体参与到茉莉酸信号通路中，调控茉莉酸介导的植物的发育和防御反应（Xu 等，2002）。*TIR1*（transport inhibitor response1）也编码一个 F-box 蛋白。TIR1 作为生长素的受体，与 AtCUL1，RBX1 及 ASK1 一起形成一个 SCF^{TIR1} 复合体，在存在生长素时与之结合，泛素化并降解生长素信号转导中的负调节因子 AUX/IAA 蛋白，从而释放 ARF，促进生长素响应基因的表达（Gray 等，2001）。在已有的关于 ABA 信号通路中重要组分降解的文献中，我们发现 ABI5 可经由 RING 型 E3 泛素连接酶 KEG1 介导降解（Liu 和 Stone，2010），也经由 CUL4 型 E3 泛素连接酶 DWA1 和 DDWA2 介导降解（Lee 等，2010）；ABI3 经由 RING 型 E3 泛素连接酶 AIP2 识别并被多聚泛素化，进而被降解（Zhang 等，2005）；ABI1 能够被 U-box 型的 E3 泛素连接酶 PUB12/PUB13 介导降解（Kong 等，2015）。在介导这些 ABA 信号通路重要成员降解的 E3 泛素连接酶中，至今仍没有报道 SCF 型 E3 泛素连接酶调控 ABA 信号通路重要组分降解的文献。而我们的研究发现了 F-box 蛋白 AtPP2-B11 能参与到 ABA 信号通路中，其作为一个负调控因子行使生物学功能（见图 3.23 和图 3.26），还能够与 ASK1/ASK2 蛋白在酵母和烟草细胞内相互作用（见图 3.9），从而证明了 AtPP2-B11 能够形成 SCF 型 E3 连接酶复合体，并且作为复合体中的底物受体发挥功能。

本书中，我们发现了 SnRK2.2、SnRK2.3 和 SnRK2.6 能够经由 26S 蛋白酶体途径介导蛋白降解（见图 3.1 和图 3.3）。进一步地，我们证明了 F-box 蛋白 AtPP2-B11 能够特异性地促进 SnRK2.3 的降解。有四个证据能够证实这一结论。首先，蛋白互作实验揭示了 F-box 蛋白 AtPP2-B11 是 SCF 型 E3 连接酶复合体中的底物受体，并且在体内特异性地与 SnRK2.3 而非 SnRK2.2/2.6 间存在直接相互作用（见图 3.4 和图 3.6）。其次，*AtPP2-B11* 过表达能够促进 SnRK2.3 的降解，却对 SnRK2.2 和 SnRK2.6 的降解没有显著性影响。同时 *AtPP2-B11* 的敲低和敲除突变体中，同野生型相比，SnRK2.3 的蛋白降解速率减慢，而 SnRK2.2 和 SnRK2.6 的降解速率却没有显著性的变化（见图 3.13、图 3.15、图 3.16、图 3.17 和图 3.28）。再次，*AtPP2-B11* 转录水平上的表达受 ABA 诱导，并且 *AtPP2-B11* 的表达模式与 *SnRK2.3* 的相似（Fujii 和 Zhu，2009）

（见图 3.19、图 3.20 和图 3.22）。最后，*AtPP2-B11* 的敲低和敲除突变体和 *SnRK2.3-OE* 植株在种子萌发和萌发后生长的过程中均表现出对 ABA 敏感的表型。*AtPP2-B11-OE SnRK2.3-OE* 双过表达突变体与 *SnRK2.3-OE* 植株相比，表现出对 ABA 的敏感性降低，即 *AtPP2-B11-OE SnRK2.3-OE* 能够恢复 *SnRK2.3-OE* 对 ABA 的敏感性的表型（见图 3.23、图 3.24 和图 3.26）。然而 AtPP2-B11 对 SnRK2.2 和 SnRK2.6 的蛋白降解没有显著的影响，一方面是因为 SnRK2s 与 AtPP2-B11 间结合的特异性，另一方面是因为 SCF 型的泛素 E3 连接酶复合体具有很强的底物特异性。F-box 蛋白作为 SCF 型 E3 泛素连接酶的底物受体决定了底物的特异性（Cardozo 和 Pagano，2004；Gagne 等，2002；Han 等，2004），因此蛋白激酶 SnRK2s 很有可能受不同的 F-box 蛋白调控。当然我们也不排除 SnRK2.2 和 SnRK2.6 的蛋白降解是受其他类型的 26S 蛋白降解系统调控的可能性。

尽管 AtPP2-B11 特异性地促进 SnRK2.3 的降解，但是还是存在一些重要的问题没有得到解释。我们仍旧不知道 SnRK2.3 的降解是如何启动的。最近的有研究报道玉米中 CK2（casein kinase 2）通过磷酸化 SnRK2.6 的 ABA box、增强与 PP2Cs 的结合能力来启动蛋白酶体途径介导的 SnRK2.6 降解（Vilela 等，2015）。CK2 在玉米中很有可能也促进 SnRK2.2 和 SnRK2.3 的降解，但是缺少直接证据。考虑到蛋白激酶 SnRK2s 在植物中高度保守，检测拟南芥中 CK2 是否能够介导 SnRK2.3 的 ABA box 的磷酸化、是否促进 SnRK2.3-PP2C 的互作是十分必要的（Vilela 等，2015）。蛋白激酶 SnRK2s 的蛋白修饰以及它们与 PP2Cs 的结合能力能够显著地影响激酶的蛋白稳定性。进一步的研究能够帮助我们理解 SnRK2 家族成员、ABA 信号通路中重要模块的动态的、精准的调控机制，也会帮助我们解释植物响应非生物逆境背后的分子机制。

第四节 AtPP2-B11 是 ABA 信号通路中的负调因子

我们发现 AtPP2-B11 是 SCF 型泛素 E3 连接酶复合体中的一员，并且与 ASK1 和 ASK2 之间存在生理互作（见图 3.9），这与之前的报道一致（Risseeuw 等，2003）。更重要的是，我们揭示了 AtPP2-B11 通过特异性的靶作用于 SnRK2.3 使其降解来负调控 ABA 介导的生物学过程（见图 3.13、图 3.15、图 3.16、图 3.17 和图 3.28）。*AtPP2-B11* 编码一个含有 F-box 结构域的蛋白，之前就有文献报道 *AtPP2-B11* 参与逆境胁迫的响应过程，能在盐胁迫和干旱胁迫中发挥作用（Li 等，2014；Jia 等，2015）。

我们发现 *AtPP2-B11* 在多个组织和器官中均有表达，并且表达受 ABA 诱导（见

图 3.19、图 3.20 和图 3.22）。通过用 ABA 对 MS 上正常生长 7 天的幼苗处理不同的时间，然后提取 RNA 进行 qRT-PCR 检测，并对 $Pro_{AtPP2\text{-}B11}$::*GUS* 转基因植株进行 GUS 染色，来探究 *AtPP2-B11* 对 ABA 的响应模式和时空表达模式。我们发现 *AtPP2-B11* 的表达能够受 ABA 的强烈诱导，呈现先上升再下降的趋势，并且在 ABA 诱导 3 h 时表达量达到最高（见图 3.20）。而 GUS 染色结果表明，在 ABA 诱导下 *AtPP2-B11* 特异性地在吸胀种子的胚根以及萌发的幼苗的根尖表达[见图 3.22 （d）（g）（h）]，而且 ABA 诱导后 *AtPP2-B11* 在莲座叶和花序中都有诱导表达[图 3.22 （m）（q）]。这个结果表明 *AtPP2-B11* 的表达具有组织或器官特异性。而有研究报道，三个 SnRK2s 家族成员中只有 *SnRK2.3* 在植物的根尖处有强烈的表达，说明 *AtPP2-B11* 与 *SnRK2.3* 存在表达共定位，这也为 AtPP2-B11 特异性地结合 SnRK2.3 使其经由泛素蛋白酶体途径降解提供了又一个有力的证据。虽然 *AtPP2-B11* 的突变体在正常的生长条件下与野生型没有明显的差异（见图 3.12），但是在 ABA 上与野生型却在萌发和转绿时期存在显著性差异。由于 *AtPP2-B11* 特异性地受 ABA 诱导并且在吸胀种子的胚根以及萌发的幼苗的根尖中存在强烈的诱导表达，这不禁使我们对 *AtPP2-B11* 对于植物根的生长发育及逆境胁迫的调控产生兴趣。既然 *AtPP2-B11* 特异性地受 ABA 诱导在根尖处表达，AtPP2-B11 又作为 SCF 型 E3 泛素连接酶复合体的成员，那么它很有可能是通过调控植物根中特异表达的蛋白的降解，来调控植物的根对于逆境胁迫的响应。*AtPP2-B11* 同时也在气孔中表达，这与 *SnRK2.6* 的表达模式一致，但 AtPP2-B11 与 SnRK2.6 之间不存在直接的相互作用，也不影响 SnRK2.6 的蛋白稳定性，说明 *AtPP2-B11* 在气孔中表达，只是调控了植物对于干旱胁迫的响应，而与 SnRK2.6 的蛋白稳定性无关。

我们同时还发现 *AtPP2-B11* 的敲低和敲除突变体植株在种子萌发和幼苗生长过程中对于 ABA 的敏感性显著增加 （见图 3.23 和图 3.26），并且 ABA 处理条件下 ABA 相关基因受诱导程度也增加（见图 3.27）。这说明 AtPP2-B11 对于拟南芥响应 ABA 是必不可少的，并且能保护植物对 ABA 的过度响应。因此，我们成功鉴定了 ABA 信号通路中的一个新的负向调控因子 （见图 4.1）。

然而对于 *AtPP2-B11* 过表达植株，我们没有观察到 ABA 上的显著表型。一方面很可能是因为 SnRK2.2、SnRK2.3 和 SnRK2.6 在调控种子萌发和植株生长过程中具有冗余作用。过表达 AtPP2-B11 虽然会促进体内 SnRK2.3 的蛋白的降解，但是植物体内 SnRK2.2、SnRK2.3 和 SnRK2.6 在多方面存在功能冗余，所以很可能导致 *AtPP2-B11* 过表达植株在 ABA 上观察不到明显的表型（见图 3.24），并且这也与 *snrk2.3* 单突变体在 ABA 以及干旱胁迫上表现微弱的表型一致。另一方面，拟南芥中存在 1 400 多个 E3 连接酶，其中含有 700 多个 F-box 蛋白，而植物体内存在远超这两个数量的功能蛋白，那么这 1 400 多个 E3 连接酶是如何调控众多的功能蛋白的呢？这就存在一个 E3 连接酶特异性识别多个底物的情况。所以 *AtPP2-B11* 过表达植株在 ABA 上观察不到明显的表型，很有可能是因为 AtPP2-B11 作为 SCF 型 E3 连接酶复合体中的底物受体，在植物体内还存在其他具有重要功能的靶蛋白，能通过调控其他靶蛋白的降解来调控植物对于逆境胁迫的响应。

第五节 ABA 促进 SnRK2.3 的降解

植物激素 ABA 在植物生长发育以及胁迫应答过程中具有十分重要的作用，逆境胁迫下植物体内 ABA 大量诱导合成，激活 SnRK2s 的激酶活性，从而诱导 ABA 下游相关基因的表达，开启 ABA 信号通路。AtPP2-B11 也是 ABA 诱导表达的一个调节因子，而且由于 AtPP2-B11 特异性地靶作用于 SnRK2.3 并且促进其蛋白降解，所以我们检测了 ABA 对于 SnRK2.3 的蛋白降解的影响。一方面，我们以 10 天大的野生型幼苗为材料进行半体外蛋白降解实验，分别进行加入 ABA 和不加入 ABA 的处理，提取的蛋白粗提液与体外纯化的 SnRK2.3-MBP 蛋白进行体外孵育，来检测 ABA 对于 SnRK2.3 的蛋白降解的影响。我们发现 ABA 处理过的蛋白粗提液中 SnRK2.3 的蛋白降解速率高于未经 ABA 处理的蛋白粗提液中的 SnRK2.3 的蛋白降解速率[见图 3.18（a）]。另一方面，我们在 *35S::SnRK2.3-Flag* 稳定转基因植株内进行 *in vivo* 的降解实验，也发现在 ABA 存在的条件下，SnRK2.3 的蛋白降解速率大于没有 ABA 处理的情况[见图 3.18（b）]图 3。以上结果均说明 ABA 能够促进 SnRK2.3 的降解。2015 年，有研究报道 PUB12/PUB13 作为 U-box 型的泛素 E3 连接酶能够作用于 ABI1 使其降解，并且这种降解依赖 ABA。ABA 能够促进 ABA 受体与 ABI1 的结合，从而使 ABI1 经由泛素蛋白酶体途径降解（Kong 等，2015）。我们的实验也证实 ABA 能够促进 SnRK2.3 的降解。我们目前还不清楚是 ABA 诱导 *AtPP2-B11* 的表达导致加速了 SnRK2.3 的降解，还是 ABA 对 SnRK2.3 的结构上的影响导致加速了 SnRK2.3 的降解，或者是二者影响的叠加。这个问题有待进一步的研究。

以往坚实的证据证明了 ABA 可以和受体结合来去除 PP2C 磷酸酶对 SnRK2 蛋白的抑制，激活其激酶活性，开启 ABA 信号通路。但非常有意思的是，我们发现 ABA 也能够促进 SnRK2 蛋白的降解（见图 3.18）。这个结果说明 ABA 在激活了 SnRK2 的激酶活性后，也启动了 SnRK2 的降解。也就是说，SnRK2.3 蛋白代谢及其蛋白功能的调控机制是紧密耦合的，这样就可以实现对 ABA 信号传导的精细调控。这些结果再一次说明了植物 ABA 信号和逆境响应调控网络的复杂性。未来对 SnRK2.3 基因和蛋白代谢调控机制的深入研究，将有助于解析 ABA 信号通路精细调控的机制。

第六节 SCF$^{AtPP2-B11}$降解 SnRK2.3 从而调控 ABA 信号通路的分子机制模型

综合以上实验结果，我们推测出了一个 SCF$^{AtPP2-B11}$ 降解 SnRK2.3 从而调控 ABA 信号通路的分子机制模型（见图 4.1）。当植物处于正常的生长环境条件下，植物体内 ABA 浓度较低时，ABA 的受体处于游离状态，蛋白磷酸酶 PP2C 与蛋白激酶 SnRK2.3 互作使其处于非磷酸化形式，抑制激酶的活性并阻断激酶对下游转录因子的激活，从而抑制 ABA 信号通路下游相关基因的表达，ABA 信号通路处于关闭的状态。然而当植物处于逆境胁迫条件下时，植物体内大量合成 ABA，ABA 与受体 PYR/PYL/RCAR 结合使受体构象改变使之能够与 PP2C 结合，从而抑制了 PP2C 与激酶 SnRK2.3 的结合。游离状态的 SnRK2.3 具有激酶活性，能够磷酸化下游转录因子，从而激活 *AtPP2-B11* 基因等下游基因的表达，使 ABA 信号通路开启。F-box 蛋白 AtPP2-B11 与 ASK 蛋白互作，能形成 SCF 型 E3 连接酶复合体，并且作为复合体中的底物受体特异性地靶作用于 SnRK2.3，使其多聚泛素化后被 26S 蛋白酶体识别而降解，而 SnRK2.3 降解后，就会阻断下游相关基因的表达，从而关闭 ABA 信号通路。

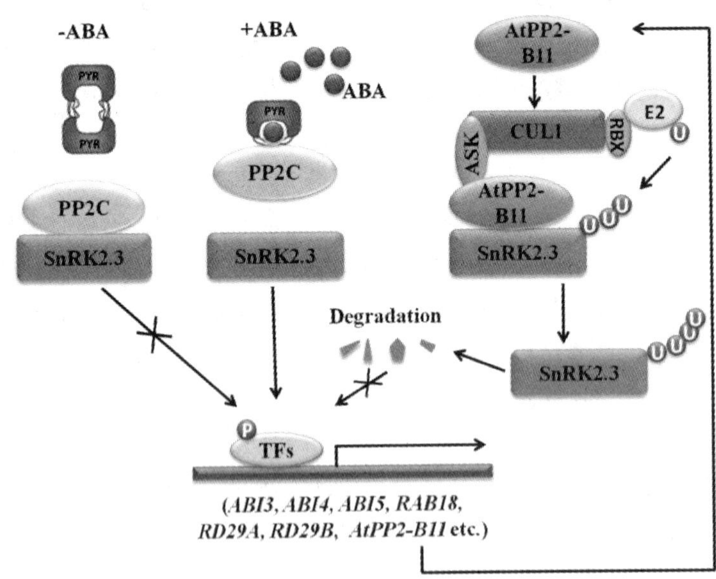

不存在 ABA 时，蛋白磷酸酶 PP2C 与蛋白激酶 SnRK.3 互作，从而抑制激酶的活性，阻断激酶对下游转录因子的磷酸化。然而当存在 ABA 的条件下，PP2C 与结合 ABA 的 PYR/PYL/RCAR 互作，从而抑制 PP2C 的磷酸酶活性，SnRK2.3 活性被释放，进而磷酸化下游转录因子，诱导 *AtPP2-B11* 基因等下游基因的表达。AtPP2-B11 与 ASK 蛋白互作，形成 SCF 型 E3 连接酶复合体，并且作为复合体中的底物受体行使功能。AtPP2-B11 特异性地靶作用于 SnRK2.3，使其降解，从而关闭 ABA 信号通路。

图 4.1 SnRK2.3 降解的假想模型分析

因为植物不能像动物那样在遭遇不断变化的逆境环境时及时躲避，因此在长期进化中植物演化出了特殊的适应机制：动态的、精准的时空调控 ABA 信号转导的开启、衰减或者关闭使植物对环境因子的波动做出及时、准确的响应。ABA 信号的开启可以使植物处于萌发状态以避免逆境对幼苗的伤害，也可以使植物减缓生长或者提前完成生育期来保存自我。因此，如果 ABA 信号通路不能及时衰减和关闭的话，植物无疑将处于过敏状态，生长发育及后代的繁衍均会受到抑制。我们的研究在 SnRK2 的层面揭示了一个新颖的 ABA 信号通路衰减或关闭的调节机制，为全面了解 ABA 信号通路和植物对 ABA 及逆境的响应提供了新思路，还将为有效利用这些基因资源，通过分子设计育种培育耐逆新品种提供理论依据。

第五章

结论与展望

第一节 结 论

通过上述实验结果，得出以下主要结论：

1. ABA 信号通路中三个关键正向调控因子蛋白激酶 SnRK2.2、SnRK2.3 和 SnRK2.6 在拟南芥中存在降解，而且其蛋白降解受 26S 泛素-蛋白酶体系统调控。

2. F-box 蛋白 AtPP2-B11 不论是在体内还是在体外都能与 SnRK2.3 直接互作，并特异地促进 SnRk2.3 蛋白的降解，而对于 SnRK2.2 和 SnRK2.6 的蛋白稳定性没有显著性的影响。

3. F-box 蛋白 AtPP2-B11 定位于细胞质和细胞核内，并通过与桥梁蛋白 ASK1 和 ASK2 互作，形成 SCF 型的 E3 连接酶复合体，并且作为复合体中的底物受体来行使其生物学功能。

4. *AtPP2-B11* 在多个组织和器官中都受 ABA 的诱导，是植物响应 ABA 信号的负向调控因子。

综上所述，我们首次发现了 ABA 信号通路中关键调控因子 SnRK2 蛋白稳定性调控的分子机制，也揭示了一个 ABA 信号衰减或者终止的新途径：AtPP2-B11 通过形成 SCF 型的 E3 连接酶复合体，并且能作为复合体中的底物受体特异性地识别蛋白激酶 SnRK2.3，从而促进 SnRK2.3 蛋白降解，进而关闭 ABA 信号通路。这些发现拓宽了我们对 ABA 信号通路精细调控的认识，对全面揭示 ABA 信号传导和植物对逆境适应机制具有重要的意义。

第二节 展 望

通过实验，我们发现 AtPP2-B11 特异性地识别 SnRK2.3 从而使其降解。*AtPP2-B11* 的表达受 ABA 诱导，并且 *AtPP2-B11* 的敲低和敲除突变体在种子萌发和子叶转绿的过程中表现出对 ABA 十分敏感的表型。有趣的是，不论是体外还是体内，AtPP2-B11 都特异性地与 SnRK2.3 存在直接的相互作用，并且促进 SnRK2.3 的降解。就目前而言，我们的结果首次揭示了 SnRK2.2、SnRK2.3 和 SnRK2.6 这三个蛋白激酶在蛋白水平上是分别受调控的，并且 AtPP2-B11 能够形成 SCF 型 E3 连接酶复合体通过结合 SnRK2.3 使其降解来调控植物对于 ABA 的响应。因此，我们的发现揭示了一个新颖的动态调控 ABA 信号通路的调节机制。然而，还存在一些问题没有研究清楚：

1. 蛋白激酶 SnRK2s 虽然具有十分高的同源性，但是却在与 AtPP2-B11 的互作中存在特异性：AtPP2-B11 特异性的结合 SnRK2.3 使其降解，而对 SnRK2.2 和 SnRK2.6 的蛋白稳定性没有显著性的影响。所以三个蛋白的降解可能有不同的蛋白降解系统或者不同的底物受体蛋白特异识别调控。

针对这个问题，我们可以从以下几个方面展开研究：

（1）通过将打断 SnRK2.2、SnRK2.3 和 SnRK2.6，分别与 AtPP2-B11 在酵母细胞中验证相互作用。同时通过 Pull down（拉下实验）实验验证具体是激酶的哪一部分与 AtPP2-B11 互作。

（2）同时对 SnRK2.2、SnRK2.3 和 SnRK2.6 的蛋白序列进行分析，找到一些特异性的具有差异的氨基酸，将其点突后检测是否影响与 AtPP2-B11 的互作。

（3）分别以 SnRK2.2 和 SnRK2.6 为诱饵蛋白，在拟南芥 cDNA 文库中进行筛选与它们互作的、可能参与调控它们蛋白稳定性的基因，以期寻找到调控 SnRK2.2 和 SnRK2.6 蛋白稳定性的 E3 连接酶。

2. 尽管 AtPP2-B11 能特异性地促进 SnRK2.3 的降解，但是我们仍需要检测 SnRK2.3 能否被泛素化。我们也还不知道 SnRK2.3 的降解是如何启动的。

针对这个问题，我们打算首先在拟南芥原生质体体系中共转化 SnRK2.3-GFP 和 Ubiqutin-Flag 两个质粒，使这两个质粒能够在原生质体内共表达，再通过 IP 的手段检测 SnRK2.3 的泛素化。针对 SnRK2.3 降解启动的问题，我们将参考一篇研究文献展开实验，该研究报道的玉米中 CK2 通过磷酸化 SnRK2.6 的 ABA box、增强与 PP2Cs 的结合能力来启动蛋白酶体途径介导的 SnRK2.6 的降解（Vilela 等，2015）。我们会深入研究 SnRK2.3 的磷酸化水平对 AtPP2-B11 识别降解 SnRK2.3 的影响，将其丝氨酸和苏氨酸磷酸化位点突变后，在酵母双杂交、BiFC 和 Pull down（拉下实验）实验中检测 AtPP2-B11 是否仍能够和 SnRK2.3 间存在相互作用，其次在 *AtPP2-B11* 过表达和表达下调植株中检测 SnRK2.3 的蛋白降解情况，以期能够探究 SnRK2.3 降解启动的具体机制。

3. *AtPP2-B11* 能够受 ABA 的诱导特异性地在植物的根尖表达，那么 AtPP2-B11 是否在植株的根的生长发育或胁迫应答过程中发挥重要作用呢，以及 AtPP2-B11 是否还具有其他的靶蛋白呢？

针对这些问题，我们首先将对在 MS 上生长 4 天的 Col-0、*AtPP2-B11* 过表达、敲低和敲除突变体贴苗生长在含有 ABA、盐、甘露醇等不同胁迫处理的 MS 平板上，观察它们在逆境胁迫处理时根的生长情况，判断 AtPP2-B11 是否介导植物根部对逆境胁迫的响应。同时用 ABA、盐和甘露醇等逆境胁迫处理，观测 $Pro_{AtPP2\text{-}B11}$::*GUS* 的转基因苗的根尖中 *AtPP2-B11* 的表达是否受逆境胁迫的诱导。我们还将以 AtPP2-B11 作为诱饵蛋白在拟南芥 cDNA 文库中进行筛选，试图找到 AtPP2-B11 调控蛋白稳定性的其他的底物蛋白。

4. ABA 诱导 *AtPP2-B11* 的表达，还加速 SnRK2.3 降解，那么到底是 ABA 诱导 *AtPP2-B11* 的表达导致 SnRK2.3 的降解加速，还是 ABA 对 SnRK2.3 的结构上的影响导致 SnRK2.3 的降解加速，或者是二者影响的叠加？

针对这个问题，我们将会在探究 ABA 加速 SnRK2.3 降解的过程中，在 ABA 处理幼苗时加入 CHX（蛋白合成抑制剂），通过抑制 ABA 诱导植物体内蛋白合成来排除 ABA 诱导 *AtPP2-B11* 表达的影响，单一性地检测 ABA 对 SnRK2.3 的结构上的影响是否导致 SnRK2.3 的降解加速。

5. AtPP2-B11 是 ABA 信号通路中的负调因子，其敲低和敲除突变体都对 ABA 敏感。如果我们在 *AtPP2-B11* 的突变体中过表达 *AtPP2-B11*，是否会恢复突变体对于 ABA 敏感的表型呢？这将为进一步证明 AtPP2-B11 是 ABA 信号通路中的负调因子提供有力的证据。

针对这个问题，我们以 *35S::AtPP2-B11-Myc* 过表达植株和 *atpp2-b11* 突变体为双亲进行杂交，得到 *35S::AtPP2-B11-Myc/atpp2-b11* 杂交植株，目前正在筛选纯合杂交植株，后期进行在 ABA 上的表型探究，观察 *35S::AtPP2-B11-Myc/atpp2-b11* 是否能恢复 *atpp2-b11* 对 ABA 敏感的表型。

我们希望对以上这些问题的解析能够加深我们对 ABA 信号通路精细调控的认识，为植物对 ABA 及逆境的响应能够提供新思路，同时希望这些探索能够为有效利用这些基因资源通过分子设计育种培育耐逆新品种提供理论依据。

参考文献

[1] ABE H, URAO T, ITO T, et al. *Arabidopsis* AtMYC2 (bHLH) and AtMYB2 (MYB) function as transcriptional activators in abscisic acid signaling[J]. Plant Cell, 2003, 15: 63-78.

[2] ABE H, YAMAGUCHI-SHINOZAKI K, URAO T, et al. Role of *Arabidopsis* MYC and MYB homologs in drought and abscisic acid regulated gene expression[J]. Plant Cell. 1997, 9: 1859-1868.

[3] AGUILAR R C, WENDLAND B. Ubiquitin: not just for proteasomes anymore[J]. Curr Opin Cell Biol. 2003, 15:184-190.

[4] ANG L H, et al. Molecular interaction between COP1 and HY5 defines a regulatory switch for light control of *Arabidopsis* development[J]. Mol cell. 1998, 1: 213-222.

[5] Assmann S M. OPEN STOMATA1 opens the door to ABA signaling in *Arabidopsis* guard cells[J]. Trends Plant Sci. 2003, 8: 151-153.

[6] BACHMIR A, NOVATCHKOVA M, POTUSHAK T, et al. Ubiquitylation in plants: a post-genic look at post-translational modification[J]. Trends Plant Sci. 2001, 6: 463-470.

[7] BARI R, JONES J D G. Role of plant hormones in plant defence responses[J]. Plant Mol Biol. 2009, 69: 473-488.

[8] BOUDSOCQ M, BARBIER-BRYGOO H, LAURIÈRE C. Identification of nine sucrose nonfermenting 1-related protein kinases 2 activated by hyperosmotic and saline stresses in *Arabidopsis thaliana*[J]. J Biol Chem. 2004, 279: 41758.

[9] BOURSIAC Y, LÉRAN S, CORRATGÉ FAILLIE C, et al. ABA transport and transporters[J]. Trends Plant Sci. 2013, 18: 325-333.

[10] BROCARD I M, LYNCH T J, FINKELSTEIN R R. Regulation and role of the *Arabidopsis* abscisic acid-insensitive 5 gene in abscisic acid, sugar, and stress response[J]. Plant Physiol. 2002, 129 (4): 1533-1543.

[11] BUESO E, RODRIGUEZ L, LORENZO-ORTS L, et al. The single-subunit RING

type E3 ubiquitin ligase RSL1 targets PYL4 and PYR1 ABA receptors in plasma membrane to modulate abscisic acid signaling[J]. Plant J. 2014, 80 (6): 1057-1071.

[12] CADMAN C S C, TOOROP P E, HILHORST H W M, et al. Gene expression profiles of *Arabidopsis* Cvi seeds during dormancy cycling indicate a common underlying dormancy control mechanism[J]. Plant J. 2006, 46: 805-822.

[13] CARDOZO T, PAGANO M. The SCF ubiquitin ligase: insights into a molecular machine[J]. Nat Rev Mol Cell Biol. 2004, 5: 739-751.

[14] CARLES C, BIES-ETHEVE N, ASPART L, et al. Regulation of *Arabidopsis thaliana Em* genes: role of ABI5[J]. Plant J. 2002, 30: 373-383.

[15] CHEN Z H, HILLS A, LIM C K, et al. Dynamic regulation of guard cell anion channels by cytosolic free Ca^{2+} concentration and protein phosphorylation[J]. Plant J. 2010, 61: 816-825.

[16] CORNFORTH J W, MILBORROW B V, RYBACK G. Synthesis of (+/−)-Abscisin Ⅱ [J]. Nature. 1965, 206: 715.

[17] CONAWAY R C. BROWER C S, CONAWAY J W. Emerging roles of ubiquitin in transcription regulation[J]. Science. 2002, 296:1254-1258.

[18] CUTLER S R, RODRIGUEZ P L, FINKELSTEIN R R, et al. Abscisic acid: emergence of a core signaling network[J]. Ann Rev of Plant Biol. 2010, 61: 651-679.

[19] FINCH-SAVAGE W E, LEUBNER-METZGER G. Seed dormancy and the control of germination[J]. New Phytol. 2006, 171: 501-523.

[20] FUJII H, CHINNUSAMY V, RODRIGUES A, et al. In vitro reconstitution of an abscisic acid signalling pathway[J]. Nature. 2009, 462: 660-664.

[21] FUJII H, VERSLUES, P E, ZHU J K. Identification of two protein kinases required for abscisic acid regulation of seed germination, root growth, and gene expression in *Arabidopsis*[J]. Plant Cell. 2007, 19: 485-494.

[22] FUJITA Y, YOSHIDA T, YAMAGUCHI - SHINOZAKI K. Pivotal role of the AREB/ABF-SnRK2 pathway in ABRE-mediated transcription in response to osmotic stress in plants[J]. Physiol Plant. 2013, 147: 15-27.

[23] FUJII H, ZHU J K. *Arabidopsis* mutant deficient in 3 abscisic acid activated protein kinases reveals critical roles in growth, reproduction, and stress[J]. Proc Natl Acad Sci USA. 2009, 106: 8380-8385.

[24] GAGNE J M, DOWNES B P, SHIU S H, et al. The F-box subunit of the SCF E3 complex is encoded by a diverse superfamily of genes in *Arabidopsis*[J]. Proc Natl Acad Sci U S A. 2002, 99: 11519-11524.

[25] GAO S, GAO J, ZHU X, et al. ABF2, ABF3, and ABF4 promote ABA-mediated chlorophyll degradation and leaf senescence by transcriptional activation of chlorophyll catabolic genes and senescence-associated genes in *Arabidopsis*[J]. Mol Plant. 2016, 9: 1272-1285.

[26] GEIGER D, SCHERZER S, MUMM P, et al. Activity of guard cell anion channel SLAC1 is controlled by drought stress signaling kinase-phosphatase pair[J]. Proc Natl Acad Sci USA. 2009, 106: 21425-21430.

[27] GFELLER A, LIECHTI R, FARMER E E. *Arabidopsis* jasmonate signaling pathway[J]. Sci Signal. 2010, 3(109): cm4.

[28] GRAY W M, KEPINSKI S, ROUSE D, et al. Auxin regulates SCF(TIR1) dependent degradation of AUX/IAA proteins[J]. Nature. 2001, 414: 271-276.

[29] HAN L, MASON M, RISSEEUW E P, et al. Formation of an SCF complex is required for proper regulation of circadian timing[J]. Plant J. 2004, 40: 291-301.

[30] HATAKEYAMA S, YADA M, MATSUMOTO M, et al. U box proteins as a new family of ubiquitin-protein ligases[J]. J Biol Chem. 2001, 276: 33111-33120.

[31] HATTORI T, TOTSUKA M, HOBO T, et al. Experimentally determined sequence requirement of ACGT containing abscisic acid response element[J]. Plant Cell Physiol. 2002, 43: 136-140.

[32] HERMAND D. F-box proteins: more than baits for the SCF? [J]. Cell Div. 2006, 1: 30.

[33] HERSHKO A, CIECHANOVER A. The ubiquitin system[J]. Annu Rev Biochem. 1998, 67: 425-479.

[34] HIRANO K, UEGUCHI-TANAKA M, MATSUOKA M. GID1-mediated gibberellin signaling in plants[J]. Trends Plant Sci. 2008, 13: 192-199.

[35] HIRAYAMA T, SHINOZAKI K. Research on plant abiotic stress responses in the post genome era: past, present and future[J]. Plant J. 2010, 61: 1041-1052.

[36] Hrabak, E M, Chan, C W M, Gribskov M, et al. The *Arabidopsis* CDPK-SnRK superfamily of protein kinases[J]. Plant Physiol. 2003, 132: 666.

37. HUBBARD K E, NISHIMURA N, HITOMI K, et al. Early abscisic acid signal

transduction mechanisms: newly discovered components and newly emerging questions[J]. Genes dev. 2010, 24: 1695-1708.

[38] IRIGOYEN M L, INIESTO E, RODRIGUEZ L, et al. Targeted degradation of abscisic acid receptors is mediated by the ubiquitin ligase substrate adaptor DDA1 in *Arabidopsis*[J]. Plant Cell. 2014, 26 (2): 712-728.

[39] IVAN M, KAELIN J, et al. The von Hippel-Lindau tumor suppressor protein[J]. Curr Opin Gene Dev. 2001, 11: 27-34.

[40] JAKOBY M, WEISSHAAR B, DRÖGE LASER W, et al. bZIP transcription factors in *Arabidopsis*[J]. Trends Plant Sci. 2002, 7: 106-111.

[41] JIA F, WANG C, HUANG J, et al. SCF E3 ligase PP2-B11 plays a positive role in response to salt stress in *Arabidopsis*. J Exp Bot. 2015, 66 (15): 4683-4697.

[42] JIN J, et al. Systematic analysis and nomenclature of mammalian F-box proteins[J]. Genes dev. 2004, 18: 2573-2580.

[43] KIM J S, MIZOI J, YOSHIDA T, et al. An ABRE promoter sequence is involved in osmotic stress-responsive expression of the DREB2A gene, which encodes a transcription factor regulating drought-inducible genes in *Arabidopsis*[J]. Plant Cell Physiol. 2011, 52: 2136-2146.

[44] KIM W Y, FUJIWARA S, SUH S S, et al. ZEITLUPE is a circadian photoreceptor stabilized by GIGANTEA in blue light[J]. Nature. 2007, 449(7160):356-60.

[45] KLINGLER J P, BATELLI G, ZHU J K. ABA receptors: the START of a new paradigm in phytohormone signalling[J]. J Exp Bot. 2010, 61: 3199-3210.

[46] KOBAYASHI Y, YAMAMOTO S, MINAMI H, et al. Differential activation of the rice sucrose nonfermenting1–related protein kinase2 family by hyperosmotic stress and abscisic acid[J]. Plant Cell. 2004, 16: 1163-1177.

[47] KONG L, CHENG J, ZHU Y, et al. Degradation of the ABA co-receptor ABI1 by PUB12/13 U-box E3 ligases[J]. Nat Commun. 2015, 6.

[48] KOORNNEEF M, REULING G, KARSSEN C. The isolation and characterization of abscisic acid insensitive mutants of *Arabidopsis thaliana*[J]. Physiol Plantarum. 1984, 61: 377-383.

[49] KRAFT E, STONE S L, MA L, et al. Genome analysis and functional characterization of the E2 and RING-type E3 ligase ubiquitination enzymes of

Arabidopsis[J]. Plant Physiol. 2005, 139: 1597-1611.

[50] KULIK A, WAWER I, KRZYWIŃSKA E, et al. SnRK2 protein kinases key regulators of plant response to abiotic stresses[J]. Omics. 2011, 15: 859-872.

[51] KUROMORI T, MIYAJI T, YABUUCHI H, et al. ABC transporter AtABCG25 is involved in abscisic acid transport and responses[J]. Proc Natl Acad Sci U S A. 2010, 107: 2361-2366.

[52] LANG V, PALVA E T. The expression of a rab-related gene, *rab18*, is induced by abscisic acid during the cold acclimation process of *Arabidopsis thaliana* (L.) Heynh[J]. Plant Mol Biol. 1992, 20 (5): 951-62.

[53] LECHNER E, ACHARD P, VANSIRI A, et al. F-box proteins everywhere. Curr Opin Plant Biol. 2006, 9: 631-638.

[54] LEE J H, et al. DWA1 and DWA2, two *Arabidopsis* DWD protein components of CUL4-based E3 ligases, act together as negative regulators in ABA signal transduction[J]. The Plant cell. 2010, 22: 1716-1732.

[55] LEE S C, LAN W, BUCHANAN B B, et al. A protein kinase-phosphatase pair interacts with an ion channel to regulate ABA signaling in plant guard cells[J]. Proc Natl Acad Sci USA. 2009, 106: 21419-21424.

[56] LEE S C, LUAN S. ABA signal transduction at the crossroad of biotic and abiotic stress responses[J]. Plant Cell Environ. 2012, 35(1): 53-60.

[57] LEUNG J, BOUVIER DURAND M, MORRIS P C, et al. *Arabidopsis* ABA response gene *ABI1*: features of a calcium modulated protein phosphatase[J]. Science. 1994, 264: 1448-1452.

[58] LEUNG J, MERLOT S, GIRAUDAT J. The *Arabidopsis abscisic acid-insenstive 2* (*ABI2*) and *ABI1* genes encode homologous protein phosphatases 2C involved in abscisic acid signal transduction[J]. Plant Cell. 1997, 9: 759-771.

[59] LIU H, STONE S L. Abscisic acid increases *Arabidopsis* ABI5 transcription factor levels by promoting KEG E3 ligase self-ubiquitination and proteasomal degradation[J]. Plant Cell. 2010, 22: 2630-2641.

[60] LI Y, JIA F, YU Y, et al. The SCF E3 Ligase AtPP2-B11 plays a negative role in response to drought stress in *Arabidopsis*[J]. Plant Mol Biol Rep. 2014, 32 (5): 943-956.

[61] LI Y, ZHANG L, LI D, et al. The *Arabidopsis* F-box E3 ligase RIFP1 plays a

negative role in abscisic acid signalling by facilitating ABA receptor RCAR3 degradation[J]. Plant Cell Environ. 2016, 39 (3): 571-582.

[62] LOPEZ MOLINA L, MONGRAND S, CHUA N H. A postgermination developental arrest checkpoint is mediated by abscisic acid and requires the ABI5 transcription factor in *Arabidopsis*[J]. Proc Natl Acad Sci USA. 2001, 98 (8): 4782-4787.

[63] LOPEZ-MOLINA L, MONGRAND S, KINOSHITA N, et al. AFP is a novel negative regulator of ABA signaling that promotes ABI5 protein degradation[J]. Gene Dev. 2003, 17(3): 410.

[64] LOPEZ MOLINA L, MONGRAND S, MCLACHLIN D T, et al. ABI5 acts down-stream of ABI3 to execute an ABA dependent growth arrest during germination[J]. Plant J. 2002, 32: 317-328.

[65] LORICK K L, JENSEN J P, FANG S, et al. RING fingers mediate ubiquitin-conjugating enzyme (E2)-dependent ubiquitination[J]. Proc Natl Acad Sci U S A. 1999, 96: 11364-11369.

[66] LUAN S. Signalling drought in guard cells[J]. Plant Cell Environ. 2002, 25: 229-237.

[67] MA Y, SZOSTKIEWICZ I, KORTE A, et al. Regulators of PP2C phosphatase activity function as abscisic acid sensors[J]. Science. 2009, 324: 1064-1068.

[68] MÁS P, KIM W Y, SOMERS D E, et al. Targeted degradation of TOC1 by ZTL modulates circadian function in *Arabidopsis thaliana*[J]. Nature. 2003, 426(6966):567-70.

[69] MEYER K, LEUBE M P, GRILL E. A protein phosphatase 2C involved in ABA signal transduction in *Arabidopsis thaliana*[J]. Science. 1994, 264: 1452-1455.

[70] MISHRA S, SHUKLA A, UPADHYAY S, et al. Identification, occurrence, and validation of DRE and ABRE Cis-regulatory motifs in the promoter regions of genes of *Arabidopsis thaliana*[J]. J Integr Plant Biol. 2014, 56: 388-399.

[71] MOON J, PARRY G, ESTELLE M. The ubiquitin-proteasome pathway and plant development[J]. Plant Cell. 2004, 16 (12): 3181-3195.

[72] MUSTILLI A C, MERLOT S, VAVASSEUR A, et al. *Arabidopsis* OST1 protein kinase mediates the regulation of stomatal aperture by abscisic acid and acts upstream of reactive oxygen species production[J]. Plant Cell. 2002, 14: 3089-3099.

[73] NAKASHIMA K, FUJITA Y, KANAMORI N, et al. Three *Arabidopsis* SnRK2

protein kinases, SRK2D/SnRK2.2, SRK2E/SnRK2.6/OST1 and SRK2I/SnRK2.3, involved in ABA signaling are essential for the control of seed development and dormancy[J]. Plant Cell Physiol. 2009, 50 (7): 1345-1363.

[74] NAMBARA E, MARION-POLL A. ABA action and interactions in seeds[J]. Trends Plant Sci. 2003, 8: 213-217.

[75] NARUSAKA Y, NAKASHIMA K., SHINWARI Z K, et al. Interaction between two cis-acting elements, ABRE and DRE, in ABA-dependent expression of *Arabidopsis rd29A* gene in response to dehydration and high-salinity stresses[J]. Plant J. 2003, 34: 137-148.

[76] NISHIMURA N, et al. Structural mechanism of abscisic acid binding and signaling by dimeric PYR1[J]. Science. 2009, 326: 1373-1379.

[77] NISHIMURA N, SARKESHIK A, NITO K, et al. PYR/PYL/RCAR family members are major in-vivo ABI1 protein phosphatase 2C-interacting proteins in *Arabidopsis*[J]. Plant J. 2010, 61: 290-299.

[78] NISHIMURA N, YOSHIDA T, KITAHATA N, et al. ABA Hypersensitive Germination1 encodes a protein phosphatase 2C, an essential component of abscisic acid signaling in *Arabidopsis* seed[J]. Plant J. 2007, 50: 935-949.

[79] NG L M, SOON F F, ZHOU X E, et al. Structural basis for basal activity and autoactivation of abscisic acid (ABA) signaling SnRK2 kinases[J]. Proc Natl Acad Sci U S A. 2011, 108 (52): 21259-21264.

[80] OHKUMA K, LYON J L, ADDICOTT F T, et al. Abscisin Ⅱ, an abscission accelerating substance from young cotton fruit[J]. Science. 1963, 142: 1592-1593.

[81] OSTERLUND M T, HARDTKE C S, WEI N, et al. Targeted destabilization of HY5 during light-regulated development of *Arabidopsis*[J]. Nature. 2000, 405: 462-466.

[82] PARK S Y, FUNG P, NISHIMURA N, et al. Abscisic acid inhibits type 2C protein phosphatases via the PYR/PYL family of START proteins[J]. Science. 2009, 324(5930): 1068-1071.

[83] PATTERSON C. A new gun in town: the U box is a ubiquitin ligase domain[J]. Science Signaling. 2002, 4.

[84] PETERS J M. The anaphase-promoting complex: proteolysis in mitosis and beyond[J]. Mol Cell. 2002, 9: 931-943.

[85] PICKART C M. Mechanisms underlying ubiquitination[J]. Annu rev of biochem. 2001, 70: 503-533.

[86] PINTARD L, WILLEMS A, PETER M. Cullin-based ubiquitin ligases: Cul3-BTB complexes join the family[J]. EMBO J. 2004, 23: 1681-1687.

[87] RAGHAVENDRA A S, GONUGUNTA V K, CHRISTMANN A, et al. ABA perception and signalling[J]. Trends Plant Sci. 2010, 15: 395-401.

[88] RAZEM F A, EL-KEREAMY A, ABRAMS S R, et al. The RNA-binding protein FCA is an abscisic acid receptor[J]. Nature. 2006, 439 (7074): 290-294.

[89] RISK J M, DAY C L, MACKNIGHT R C. Reevaluation of abscisic acid-binding assays hows that G-Protein-Coupled Receptor2 does not bind abscisic acid[J]. Plant Physiol. 2009, 150 (1): 6-11.

[90] RISSEEUW E P, DASKALCHUK T E, BANKS T W, et al. Protein interaction analysis of SCF ubiquitin E3 ligase subunits from *Arabidopsis*[J]. Plant J. 2003, 34 (6): 753-767.

[91] SANTIAGO J, DUPEUX F, BETZ K, et al. Structural insights into PYR/PYL/RCAR ABA receptors and PP2Cs[J]. Plant Science. 2012, 182: 3-11.

[92] SANTIAGO J, RODRIGUES A, SAEZ A, et al. Modulation of drought resistance by the abscisic acid receptor PYL5 through inhibition of clade A PP2Cs[J]. Plant J. 2009a, 60: 575-588.

[93] SANTNER A, ESTELLE M. The ubiquitin-proteasome system regulates plant hormone signaling[J]. Plant J. 2010, 61 (6): 1029-1040.

[94] SCHWEIGHOFER A, HIRT H, MESKIENE I. Plant PP2C phosphatases: emerging functions in stress signaling[J]. Trends Plant Sci. 2004, 9: 236-243.

[95] SEO M, KOSHIBA T. Transport of ABA from the site of biosynthesis to the site of action. J Plant Res. 2011, 124: 501-507.

[96] SMALLE J, VIERSTRA R D. The ubiquitin 26S proteasome proteolytic pathway. Annu Rev Plant Biol. 2004, 55: 555-590.

[97] STONE S L, HAUKSDOTTIR H, TROY A, et al. Functional analysis of the RING-type ubiquitin ligase family of *Arabidopsis*[J]. Plant Physiol. 2005, 137: 13-30.

[98] SULLIVAN J A, SHIRASU K, DENG X W. The diverse roles of ubiquitin and the 26S proteasome in the life of plants[J]. Nat Rev Genet. 2003, 4: 948-958.

[99] THOMANN A, DIETERLE M, GENSCHIK P. Plant CULLIN-based E3s: phytohormones come first[J]. FEBS Lett. 2005, 579: 3239-3245.

[100] TROMAS A, PERROT-RECHENMANN C. Recent progress in auxin biology[J]. C R Biol. 2010, 333: 297-306.

[101] UMEZAWA T, et al. Molecular basis of the core regulatory network in ABA responses: sensing, signaling and transport[J]. Plant cell physiol. 2010, 51: 1821-1839.

[102] UNO Y, FURIHATA T, ABE H, et al. *Arabidopsis* basic leucine zipper transcription factors involved in an abscisic acid-dependent signal transduction pathway under drought and high salinity conditions[J]. Proc Natl Acad sci USA. 2000, 97: 11632-11637.

[103] VAHISALU T, KOLLIST H, WANG Y F, et al. SLAC1 is required for plant guard cell S type anion channel function in stomatal signalling[J]. Nature. 2008, 452: 487-491.

[104] VIERSTRA R D. Proteolysis in plants: mechanisms and functions[J]. Plant Mol Biol. 1996, 32:275-302.

[105] VIERSTRA R D. The ubiquitin-26S proteasome system at the nexus of plant biology[J]. Nat Rev Mol Cell Biol. 2009, 10 (6): 385-397.

[106] VILELA B, NAJAR E, LUMBRERAS V, et al. Casein kinase 2 negatively regulates abscisic acid-activated SnRK2s in the core abscisic acid signaling module[J]. Mol Plant. 2015, 8: 709-721.

[107] WALTON D C. Abscisic acid (Addicott, F.T. ed)[M]. New York : Praeger. 1983.

[108] WASILEWSKA A, VLAD F, SIRICHANDRA C, et al. An update on abscisic acid signaling in plants and more[J]. Mol Plant. 2008, 1: 198-217.

[109] XU L, LIU F, LECHNER E, et al. The SCF(COI1) ubiquitin-ligase complexes are required for jasmonate response in *Arabidopsis*[J]. Plant Cell. 2002, 14: 1919-1935.

[110] YAMAGUCHI-SHINOZAKI K, SHINOZAKI K. The plant hormone abscisic acid mediates the drought-induced expression but not the seed-specific expression of *rd22*, a gene responsive to dehydration stress in *Arabidopsis thaliana*[J]. Mol Gen Genet. 1993, 238 (1-2): 17-25.

[111] YAN J, et al. The Arabidopsis CORONATINE INSENSITIVE1 protein is a jasmonate receptor[J]. The Plant Cell. 2009, 21: 2220-2236.

[112] YIN P, FAN H, HAO Q, et al. Structural insights into the mechanism of abscisic acid signaling by PYL proteins[J]. Nat Struct Mol Biol. 2009, 16: 1230-1236.

[113] YOSHIDA R, HOBO T, ICHIMURA K, et al. ABA-activated SnRK2 protein kinase is required for dehydration stress signaling in *Arabidopsis*[J]. Plant Cell Physiol. 2002, 43: 1473-1483.

[114] YOSHIDA R, UMEZAWA T, MIZOGUCHI T, et al. The regulatory domain of SRK2E/OST1/SnRK2.6 interacts with ABI1 and integrates abscisic acid (ABA) and osmotic stress signals controlling stomatal closure in *Arabidopsis*[J]. J Biol Chem. 2006, 281: 5310-5318.

[115] ZHANG J, DAVIES W. Increased synthesis of ABA in partially dehydrated root tips and ABA transport from roots to leaves[J]. J Exp Bot. 1987, 38: 2015-2023.

[116] ZHANG X, GARRETON V, CHUA N H. The AIP2 E3 ligase acts as a novel negative regulator of ABA signaling by promoting ABI3 degradation[J]. Genes development. 2005, 19: 1532-1543.

附 录

附录 A 实验材料

一、植物材料

实验中用到的拟南芥(*Arabidopsis thaliana*)野生型(wild type, WT)为 Columbia(Col-0)生态型，来自 ABRC 种质资源库(Arabidopsis Biological Resource Center)，种子号(seed stock number)为 CS6673。突变体 *atpp2-b11* 背景为 Col-0，种子号为 GK-162G12，突变体 *snrk2.3* 背景为 Col-0，种子号为 SALK_143949C。

烟草(Nicotiana benthamiana)种子由本实验室保存。

二、常用菌株

克隆所用大肠杆菌菌株为 *Escherichia coli* DH5α 株系；原核表达蛋白诱导所用大肠杆菌菌株为 BL21；拟南芥和烟草转化所用农杆菌菌株为根癌农杆菌 *Agrobacterium tumefaciens* GV3101；酵母双杂系统所用酵母菌株为 AH109。

附录 B 常用培养基配方

本课题所用到的培养基主要包括培养拟南芥材料的 MS 培养基、培养大肠杆菌的

LB 培养基、培养农杆菌的 YEP 培养基、培养酵母的 YPD 培养基和二缺/四缺培养基。

一、MS 固体培养基的配制

MS 固体培养基的各组分含量如表 B.1 所示。

表 B.1 MS 固体培养基

组分	用量 （1 L）
MS 培养基（M519）	4.43 g
蔗糖	20 g
琼脂（Agar）	8 g
蒸馏水	定容至 1 L

各组分添加完成后，用 1 mol/L KOH 溶液将培养基的 pH 调至 5.7~5.8 后高压 121 °C 灭菌 20 min。

冷却至 55 °C 左右时倒入培养皿中冷却后放置 4 °C 保存。配制 MS 培养基使用 Phyto Technology Laboratories 公司生产的 Murashige & Skoog（MS）Basal Medium with Vitamins 培养基粉末（M519-50 L）。进行 ABA 上表型分析时，在倒培养皿前加入不同终浓度的 ABA（如终浓度为 0.5 μmol/L 或者 1 μmol/L）。进行拟南芥转基因苗后代抗性苗筛选时，在倒培养皿前加入终浓度为 250 μg/mL 的 cefotaxime（头孢噻肟）以抑制农杆菌的生长，另外还需加入质粒携带的相应抗性如 kanamycin（卡那霉素，终浓度 75 μg/mL）或 hygromycin B（潮霉素，终浓度为 25 μg/mL）或 Basta（除草剂，终浓度为 11 μg/mL）。

二、MS 液体培养基的配制

MS 液体培养基的各组分含量如表 B.2 所示。

表 B.2 MS 液体培养基

组分	用量 （1 L）
MS 培养基（M519）	4.43 g
蔗糖	20 g
蒸馏水	定容至 1 L

各组分添加完成后，用 1 mol/L KOH 溶液将 pH 调至 5.7~5.8 后高压 121 °C 灭菌 20 min。

三、LB 液体培养基的配制

LB 液体培养基的各组分含量如表 B.3 所示。

表 B.3　LB 液体培养基

组分	用量（1 L）
胰蛋白胨	10 g
酵母粉	5 g
NaCl	10 g
蒸馏水	定容至 1 L

各组分添加完成后，121 °C 高压灭菌 20 min。

当需要抗性筛选时，灭菌后加入质粒携带相应抗性的抗生素，氨苄青霉素（Ampicillin，工作浓度 100 μg/mL）、卡那霉素（Kanamycin，工作浓度 50 μg/mL）。

四、LB 固体培养基的配制

LB 固体培养基的各组分含量如表 B.4 所示。

表 B.4　LB 固体培养基

组分	用量（1 L）
胰蛋白胨	10 g
酵母粉	5 g
NaCl	10 g
蒸馏水	定容至 1 L
Agar	15 g

各组分添加完成后，121 °C 高压灭菌 20 min，温度降到 55 °C 后在超净工作台中倒入培养皿冷却。

当需要进行抗性筛选时，倒固体培养基平板之前加入质粒携带相应抗性的抗生素，氨苄青霉素（Ampicillin，工作浓度 100 μg/mL）、卡那霉素（Kanamycin，工作浓度 50 μg/mL）。

五、YEP 液体培养基的配制

YEP 液体培养基的各组分含量如表 B.5 所示。

表 B.5 YEP 液体培养基

组分	用量（1 L）
胰蛋白胨	10 g
酵母粉	10 g
NaCl	5 g
蒸馏水	定容至 1 L

各组分添加完成后，121 °C 高压灭菌 20 min。

当需要进行抗性筛选时，灭菌后加入质粒携带相应抗性的抗生素，氨苄青霉素（Ampicillin，工作浓度 100 μg/mL）、卡那霉素（Kanamycin，工作浓度 50 μg/mL）。

六、YEP 固体培养基的配制

YEP 固体培养基的各组分含量如表 B.6 所示。

表 B.6 YEP 固体培养基

组分	用量（1 L）
胰蛋白胨	10 g
酵母粉	10 g
NaCl	5 g
蒸馏水	定容至 1 L
Agar	15 g

各组分添加完成后，121 °C 高压灭菌 20 min，温度降到 55 °C 后在超净工作台中倒入培养皿冷却。

当需要进行抗性筛选时，倒固体培养基平板之前加入质粒携带相应抗性的抗生素，氨苄青霉素（Ampicillin，工作浓度 100 μg/mL）、卡那霉素（Kanamycin，工作浓度 50 μg/mL）。

七、YPD 液体培养基的配制

YPD 液体培养基的各组分含量如表 B.7 所示。

表 B.7　YPD 液体培养基

组分	用量（1 L）
胰蛋白胨	10 g
酵母粉	20 g
葡萄糖	20 g
蒸馏水	定容至 1 L

各组分添加完成后，112 °C 压灭菌 20 min。

八、YPD 固体培养基的配制

YPD 固体培养基的各组分含量如表 B.8 所示。

表 B.8　YPD 固体培养基

组分	用量（1 L）
胰蛋白胨	10 g
酵母粉	20 g
葡萄糖	20 g
Agar	20 g
蒸馏水	定容至 1 L

各组分添加完成后，112 °C 高压灭菌 20 min。
温度降到 55°C 左右再倒平板，在超净工作台中倒入培养皿冷却。

九、二缺固体培养基的配制

二缺固体培养基的各组分含量如表 B.9 所示。

表 B.9 二缺固体培养基

组分	用量（1 L）
无氨基酸的酵母氮源	6.7 g
-Trp/-Leu DO	0.6 g
蒸馏水	定容至 1 L
使用 pH 计调 pH 值至 5.7	
Agar	20 g
葡萄糖	20 g

各组分添加完成后，112 °C 高压灭菌 20 min。
温度降到 55 °C 左右再倒平板，在超净工作台中倒入培养皿冷却。

十、二缺液体培养基的配制

二缺液体培养基的各组分含量如表 B.10 所示。

表 B.10 二缺液体培养基

组分	用量（1 L）
无氨基酸的酵母氮源	6.7 g
-Trp/-Leu DO	0.6 g
蒸馏水	定容至 1 L
使用 pH 计调 pH 值至 5.7	
葡萄糖	20 g

各组分添加完成后，112 °C 高压灭菌 20 min。

十一、四缺固体培养基的配制

四缺固体培养基的各组分含量如表 B.11 所示。

表 B.11 四缺固体培养基

组分	用量（1 L）
无氨基酸的酵母氮源	6.7 g
-Trp/-Leu/-His/-Ade DO	0.6 g
蒸馏水	定容至 1 L
使用 pH 计调 pH 值至 5.7，	
Agar	20 g
葡萄糖	20 g

各组分添加完成后，112 ℃高压灭菌 20 min。温度降到 55 ℃左右再倒平板固体培养基，在超净工作台中倒入培养皿冷却。

附录 C 常用试剂配方

一、CTAB 缓冲液配方

实验中所用到的 CTAB 缓冲液，配制配方如表 C.1 所示。

表 C.1 CTAB 缓冲液

组分	终浓度
Tris-HCl	100 mmol/L（pH 8.0）
NaCl	4 mol/L
EDTA	20 mmol/L（pH 8.0）
CTAB	2%
β-巯基乙醇	2%

各组分添加完成后，121 °C，20 min，高压灭菌。

二、50×电泳缓冲液配方

50×电泳缓冲液的配方如表 C.2 所示。

表 C.2 电泳缓冲液 50× TAE 配方（稀释成 1×使用）

组分	用量（1 L）
Tris 碱	242 g
$Na_2EDTA.2H_2O$	37.2 g

加入 800 mL 的去离子水，充分搅拌混匀后，加入 57.1 mL 醋酸，充分搅拌至 pH = 8.5，再加去离子水将溶液定容到 1 L，室温保存。

三、6× Loading Buffer 配方

6×上样缓冲液的配方如表 C.3 所示。

表 C.3 6× Loading Buffer（核酸电泳使用）配方

组分	用量（1 L）
EDTA	4.4 g
Bromophenol Blue（溴酚蓝）	250 mg
Xylene Cyanol FF	250 mg

加入约 200 mL 的去离子水，加热搅拌充分溶解，加入 180 mL 的甘油（Glycerol）后，使用 NaOH 调节 pH 值至 7.0，用去离子水定容至 500 mL 后，室温保存。

四、拟南芥蘸花转化转化介质配方

拟南芥蘸花转化转化介质配方如表 C.4 所示。

表 C.4 拟南芥蘸花转化转化介质配方

组分	使用量（1 L）
MS 培养基 （M519）	2.2 g
蔗糖	50 g
MES	0.5 g
6-BA （1 μg/μL）	10 μL
蒸馏水	补足到 1 L

需要注意，配制完成后的 pH 值为 5.7。

五、拟南芥蛋白提取液配方

拟南芥蛋白提取液配方如表 C.5 所示。

表 C.5 拟南芥蛋白提取液配方

组分	终浓度
Tris-HCl（pH 7.5）	25 mmol/L
$MgCl_2$	10 mmol/L
DTT	5 mmol/L
NaCl	10 mmol/L

使用时先加入蛋白酶抑制剂 PMSF 和 PIS。

六、烟草蛋白提取液配方

烟草蛋白提取液配方如表 C.6 所示。

表 C.6 烟草蛋白提取液配方（native protein extraction buffer）

组分	终浓度
Tris-MES（pH 8.0）溶液	50 mmol/L
sucrose	0.5 mol/L
$MgCl_2$	1 mmol/L
EDTA（pH 8.0）溶液	10 mmol/L
DTT	5 mmol/L

七、其他试剂的配方

其他试剂的配方见表 C.7~表 C.50。

表 C.7 10% 聚丙烯酰胺分离胶

组分	用量 （5 mL）
30% Arc/Bis 溶液	1.7 mL
1.5 M Tris-HCl（pH = 8.8）	1.3 mL
AP（Ammonium peroxydisulfate，过硫酸铵）	50 μL
10% SDS（Sodium dodecyl sulfate，十二烷基磺酸钠）溶液	50 μL
TEMED	2 μL
ddH_2O	1.9 mL

表 C.8 5% 聚丙烯酰胺浓缩胶

组分	用量 （2 mL）
30% Arc/Bis 溶液	0.33 mL
1 M Tris-HCl（pH = 6.8）溶液	0.25 mL
10% AP	20 μL
10% SDS	20 μL
TEMED	2 μL
ddH_2O	1.4 mL

表 C.9 30% Arc/Bis 溶液

组分	用量（100 m L）
Acrylamide（丙烯酰胺）	29 g
Bis-Acrylamide（双丙烯酰胺）	1 g
ddH_2O	定容到 100 mL

表 C.10 10% SDS 溶液

组分	用量（100 m L）
SDS	10 g
ddH_2O	补足到 100 mL

表 C.11　1.5 mol/L Tris-HCl 溶液（pH = 8.8）

组分	用量（250 m L）
Tris（三羟甲基氨基甲烷）	45.43 g
ddH_2O	补足到 250 mL
浓盐酸调节 pH 值至 8.8	

表 C.12　1 mol/L Tris-HCl 溶液（pH = 6.8）

组分	用量（250 mL）
Tris	30.28 g
ddH_2O	补足到 250 mL
浓盐酸调节 pH 值至 6.8	

表 C.13　10% AP（Ammonium peroxydisulfate）

组分	用量（10 m L）
AP	1 g
ddH_2O	补足到 10 mL

表 C.14　2× SDS 蛋白上样缓冲液

组分	用量（100 mL）
0.5 mol/L Tris-HCl（pH = 6.8）溶液	25 mL
10% SDS	40 mL
Glycerol	20 mL
β-巯基乙醇	2 mL
Bromphenol blue	1 mg
ddH_2O	补足到 100 mL

表 C.15　5× 电泳缓冲液

组分	用量（1 L）
Tris	15.1 g
Glycine（甘氨酸）	94 g
SDS	5 g
ddH_2O	补足到 1 L
用 pH 计将 pH 值调至 8.3	

表 C.16 1× 转膜缓冲液

组分	用量（1 L）
Tris	3.03 g
Glycine	14.4 g
甲醇	200 mL
ddH_2O	补足到 1 L

表 C.17 10× TBS

组分	用量（1 L）
NaCl	85 g
Tris	24.2 g
ddH_2O	补足到 1 L
用 pH 计将 pH 值调至 7.6（浓盐酸调 pH 值）	

表 C.18 1× TBST

组分	用量（1 L）
10× western 杂交膜清洗液	100 mL
Tween 20	1 mL
ddH_2O	补足到 1 L

表 C.19 封闭液

组分	用量（100 mL）
1× western 洗涤缓冲液	100 mL
脱脂奶粉	5 g

表 C.20 丽春红

组分	用量（100 mL）
丽春红	0.1 g
乙酸	5 mL
ddH_2O	补足到 100 mL

表 C.21　考马斯亮蓝 R-250 染色液

组分	用量（1 L）
考马斯亮蓝 R-250	1 g
异丙醇	250 mL
冰醋酸	100 mL
ddH_2O	650 mL

表 C.22　考马斯亮蓝染色脱色液

组分	用量（1 L）
冰醋酸	100 mL
乙醇	50 mL
ddH_2O	850 mL

表 C.23　10 × TE buffer 液

组分		用量（1 L）
Tris-HCl		12.114 g
$EDTANa_2 \cdot H_2O$		3.722 4 g
蒸馏水		补水至 1 L

pH 7.5，121 °C 高压灭菌 20 min。

表 C.24　1 mol/L LiAc 溶液

组分	用量（1 L）
$LiAc \cdot 2H_2O$	102 g
蒸馏水	补水至 1 L

醋酸调 pH 至 7.5，121 °C 高压灭菌 20 min。

表 C.25　50% PEG 4000 溶液

组分	用量（100 mL）
PEG 4000	50 g
蒸馏水	补水至 100 mL

121 °C 高压灭菌 20 min。

表 C.26 1.1× TE/LiAc 溶液

组分	终浓度	用量
10× TE buffer 液	1×	220 μL
1 mol/L LiAC 溶液	1×	220 μL
蒸馏水		补水至终体积 2 mL

表 C.27 PEG/LiAc/TE 溶液

组分	终浓度	用量
50% PEG4000 溶液	40%	9.6 mL
10×TE buffer 液	1×	1.2 mL
1 mol/L LiAC 溶液	1×	1.2 mL

表 C.28 GST 结合缓冲液

组分	用量（1 L）
140 mmol/L NaCl 溶液	8.181 6 g
2.7 mmol/L KCl 溶液	0.2 g
10 mmol/L $Na_2HPO_4 \cdot 12H_2O$ 溶液	3.581 4 g
1.8 mmol/L KH_2PO_4 溶液	0.245 g

浓盐酸调节 pH 值至 7.3。

表 C.29 His 结合缓冲液

组分	用量（100 mL）
20 mmol/L Tris-HCl（pH 7.9）溶液	2 mL（母液 1 mol/L）
10 mmol/L 咪唑溶液	1 mL（母液 1 mol/L）
500 mmol/L NaCl 溶液	2.925 g

表 C.30 纯化柱洗涤缓冲液

组分	用量（1 L）
200 mmol/L NaCl 溶液	11.688 g
20 mmol/L Tris-HCl 溶液	2.422 8 g
1 mmol/L EDTA 溶液	0.327 24 g
1 mmol/L DTT 溶液	1 mL（母液为 1 mol/L）

调节 pH 值至 7.4。

表 C.31　IPTG

组分	用量（10 mL）
IPTG	2.383 1 g
蒸馏水	10 mL

表 C.32　PMSF

组分	终浓度
PMSF 粉末	0.1 mol/L
异丙醇	加入适量体积

表 C.33　蛋白酶抑制剂（PIS）

组分	终浓度
一片药片	50×
蒸馏水	1 mL

表 C.34　溶菌酶溶液（100 mg/mL）

组分	用量
溶菌酶粉末	1 g
蒸馏水	10 mL

表 C.35　二硫苏糖醇（DTT）（1 mol/L）溶液

组分	用量
DTT	3.09 g
0.01 mol/L NaOAc（pH 5.2）溶液	20 mL

溶解后使用 0.22 μmol 滤器过滤除菌，分装后在-20 °C 保存。

表 C.36　GST 溶解缓冲液

组分	用量（20 mL）
50 mmol/L Tris-HCl 溶液	0.121 14 g
20 mmol/L 还原型谷胱甘肽	0.123 g
H_2O	补足到 20 mL

调节 pH 值至 8.0。

表 C.37 His 溶解缓冲液

组分	用量（10 mL）
20 mmol/L Tris-HCl（pH 7.9）溶液	0.2 mL（母液 1 mol/L）
500 mmol/L 咪唑溶液	5 mL（母液 1 mol/L）
500 mmol/L NaCl 溶液	0.292 5 g（或者 5 mol/L 母液加入 1 mL）

表 C.38 MBP 溶解缓冲液

组分	用量（20 mL）
10 mmol/L 麦芽糖溶液	2 mL（母液 0.1 mol/L）
Column buffer	补足到 20 mL

表 C.39 0.1 mol/L 麦芽糖溶液

组分	用量（10 mL）
麦芽糖	0.360 37 g
ddH_2O	补足到 10 mL

表 C.40 磷酸缓冲盐溶液

组分	终浓度
Na_2HPO_4/NaH_2PO_4	50 mmol/L pH 7.4
NaCl	150 mmol/L

表 C.41 蛋白溶解缓冲液

组分	终浓度
Na_2HPO_4/NaH_2PO_4	50 mmol/L pH 7.4
NaCl	150 mmol/L
Triton X-100	1%
glycerol	15%
PMSF	1 mmol/L
50× PIS	1×

表 C.42　蛋白洗涤缓冲液

组分	终浓度
Na_2HPO_4/NaH_2PO_4	50 mmol/L pH 7.4
NaCl	150 mmol/L
Triton X-100	0.1%
glycerol	10%
PMSF	1 mmol/L
50× PIS	1×

表 C.43　3× FLAG 贮存缓冲液

组分	终浓度
Tris-HCl	0.5 mol/L pH 7.5
NaCl	1 mol/L
3× FLAG 标签肽	25 μg/μL

表 C.44　TBS 溶液

组分	终浓度
Tris-HCl 溶液	50 mmol/L pH 7.4
NaCl	150 mmol/L

表 C.45　3× FLAG elution 溶液

组分	终浓度
3× FLAG stock（25 μg/μL）溶液	150 ng/μL
TBS	按比例稀释

表 C.46　0.1 mol/L glycine HCl（pH 3.5）溶液

组分	终浓度
Glycine HCl 溶液	0.1 mol/L pH 3.5
蒸馏水	补足体积

表 C.47　0.5 mol/L Tris HCl, pH 7.4, 1.5 mol/L NaCl 溶液

组分	终浓度
Tris-HCl 溶液	0.5 mol/L pH 7.4
NaCl	1.5 mol/L

表 C.48 MG132（蛋白酶体抑制剂，Gene Operation 公司）

组分	用量（50 mmol/L，1 mL）
MG132 粉末	23.78 mg
DMSO	补足至 1 mL

混匀后分装，在-20 °C 避光存放，避免反复冻融。

表 C.49 CHX（cycloheximide，蛋白合成抑制剂，sigma 公司）

组分	用量（100 mmol/L，1 mL）
CHX 粉末	28.135 5 mg
DMSO	补足至 1 mL

表 C.50 ATP（sigma 公司）

组分	用量（10 mmol/L，20 mL）
$ATP\text{-}Na_2\text{-}3H_2O$	121 mg
25 mmol/L Tris-HCl（pH 8.0）	20 mL